U0317334

中国当代建筑艺术
2017 建东方

CONTEMPORARY
ARCHITECTURE
IN
CHINA

RISE OF
THE
ORIENT
2017

主编
—
赵敏

辽宁科学技术出版社
·沈阳·

20天的精心策划和准备

22个精挑细选的本土设计项目

1位中国工程院院士领衔

5位国家级设计大师出征

19个中国精英建筑设计团队参与

7位国际知名建筑师的深度解读

近30家国内外媒体关注支持

跨越8000多千米的越洋展示

为你呈现N多角度对东方建筑艺术的认知

目录

序一

东方生长

一名建筑师时常遇到建筑是怎样的这一问题，这在中西方建筑的交互中也最为频繁和激烈，涉及到建筑的价值、方法、标准等多个层面。解决这个问题无疑是困难的，但我们依旧要对此予以回应，"两观三性"是我创作经验的一个总结，但我更希望它是一次尝试，在面对每一次的疑难时都能产生新的内容。

我们首先要明确中国建筑对现代主义建筑的发展有着不可磨灭的贡献，在诸多文明中具有世界性的地位，对建筑地域性的尊重有助于我们在与西方建筑的交流中理解建筑的多元性，从而产生成为这个时代印记的中国作品。

建筑的文化性在中西方碰触中更多地表现为价值观的差异，差异意味着冲突，但这不是一件坏事。正是在这种常态化的冲突中，建筑师才能在对话中立足于对当代价值的判断去反思自身，结合中国当下建筑的表达方式逐渐形成自身的逻辑，在不断叙述自我的同时推动当代建筑的发展。价值观的差异意味着评判标准也有区别，对于我们而言，评判体系的不断矫正和对标准的审视正是需要肩负的责任和使命，在重读自己的价值观、回归自己建筑的表达方式的时候也是在重构我们的建筑文化。

建筑文化也伴有其时代性，我们对当代城市生活的理解赋予了建筑服务功能的结构，通过建筑去回应历史遗存的问题，形成应对时代诉求而生长出的建筑特性。这也是我们与时代的对话，处于激变的中国，建筑师在快速迭代过程中首先做到开放和自省，保持专业的态度去打开自身的思想与时代碰撞，通过建筑在当代城市的存在方式从内到外的互动和交织形成建筑师的身份。因为设计，所以中国，建筑在这里表明了我们个人对时代和国家的责任。

建筑最终是地域性、文化性、时代性的一个综合表达。一个有生命力的好的建筑也往往体现了地域、文化、时代的融合与统一。

建筑始终要被城市的人类活动所审视，在每个时代的诉求变化、社会机制的升级中优雅老去，城市的不断更新加深了对建筑可持续的渴求，建筑师就要以可持续的角度来看待建筑。它的生长路径决定了城市的延展性，这个路径是地域的、文化的，也是时代的，三者的一致才能保证建筑的生命力并在不同维度传递出不同的信息，这也需要以总体观来审视建筑，特别是在中国建筑百花齐放的当代。

现在让我们回到最开始的问题，这本书给出了一个积极的回应：建筑本该归源于它存在的价值和使命。这种本源性的归来，意味着保持建筑礼序的同时进行人性的自我绽放。对建筑的探究都是回归到生活本身价值的过程，只有生机勃勃的建筑才契合我们生命的主题。总是清淡隽永：一位建筑师，在不长不短的人生中所追求的，其实是在不断建造的过程中触碰自己的内心，建筑与人生相伴，在平淡的日子里感受它的永恒。

建筑背负了一定的历史或政治使命，但对于个人来说，它本身就是思想的载体，其思想性的启发超越了我们对建筑的看法。我们无法以造物主的姿态面对自己建造的建筑，它的生命在落地时便已独立于建筑师，我们只是从自我的身份出发，以建筑的方式点点滴滴地参与这个世界，给予时代和城市些许的贡献。

感谢建筑。

中国工程院院士　何镜堂

2017.06.28

序二

走向世界的传播与交流

长期以来，在世界建筑的舞台上，中国当代建筑的声音是很微弱的。

这，一方面源于中国长期以来的封闭格局，在1978年改革开放以前我们的建筑设计是一种自言自语的状态；另一方面源于长期封闭对国内建筑圈的影响，中国建筑师缺乏文化自信，在很多建筑创作中充斥着仿学与抄袭。在国际建筑交流的活动中，中国建筑师不知道怎样发声，也很少主动发声。

由于爱好和环境，我对中国当代建筑历史很关注。我发现中国真正意义上的建筑设计的开放与交流源于2000年北京天安门广场西侧"国家大剧院国际招标"事件。那次招投标对国内建筑界的影响是空前的，共吸引了来自10个国家的69个投标方案，由建筑设计圈内的专业评判，逐步演变为全民参与的文化热点，直至促进中欧经济贸易发展的外交事件。有人说，建筑是一种社会性的生产行为，由此可见一斑。

在此后的十余年里，国外建筑师通过各种国际竞标或者委托设计进入中国设计市场。各种西方思潮如现代主义、后现代主义、解构主义、数字化设计……成为我们跟风学习和研究的对象。2010年上海世博会之后，出自中国建筑师之手的优秀原创设计越来越得到社会的认可，"两观三性论""建筑的语言、意境、境界"等理论，成为被不少人认可的、观察和思考建筑的方法论。

2017年，借着佛罗伦萨设计周上办展"建东方——中国建筑艺术展"的机会，平台联手"建筑学院"和"建筑档案"两支新媒体的先锋力量，为22个来自中国不同地域、不同创作理念的建筑设计作品到意大利办展和交流。其间，我们邀请了七位国际建筑师，站在西方的视角，审视东方的设计。建筑文化背景的差异性，让这次"西方解读东方"的活动变得有趣。

我把这次办展行动，看作是中国建筑的新媒体合力帮助中国建筑师走向世界、输出建筑文化的起点。我们也想通过后面的全国巡展与社交媒体的全社会传播，让更多的人参与到"建筑解读"活动之中，让建筑评论不止于空洞的专业术语，让建筑设计的意义被更多人理解。

不仅如此，我们欢迎更多的建筑师拿出自己的作品来，不论大小，不论风格，不论地域，加入我们的"建筑解读"活动之中，让中国建筑走向世界，走向全社会，更好地传播与交流起来。

这可能是"每筑建文"平台多年来坚持做公益推广的一个小小的理想。随着大家的加入，我看到这个理想在慢慢化作现实。

独立策展人、"每筑建文"平台联合创始人 赵敏

2017.07.05

小幸福

——草场胡同院落

主要设计师/
赵默超：现为北京市建筑设计研究院有限公司胡越工作室建筑师。
吴汉成：现为北京市建筑设计研究院有限公司胡越工作室建筑师。

主创设计师/
胡越，现为全国勘察设计大师，北京市建筑设计研究院有限公司总建筑师，胡越工作室主持建筑师。30年来曾主持设计过多种类型的公共建筑，并获得多项国家级和省部级奖项。在从事设计实践的同时还非常关心建筑设计理论及新材料的运用，曾在国内各种刊物上发表过大量文章，近几年来致力于建筑设计方法论的研究。

主创设计师/
邵方晴，现为北京市建筑设计研究院有限公司副总建筑师，胡越工作室副主任。在设计上追求创新，关心设计理论及新材料在建筑上的运用，在管理上也不断学习突破，以保证工作室整体设计工作的高水平。

作品解读人/

马里奥·库奇内拉（Mario Cucinella），英国皇家建筑师协会FRIBA荣誉院士，美国建筑师协会FAIA荣誉院士，国际绿色节能建筑权威智库专家，意大利博洛尼亚大学可持续发展学院院长。

修复过去人们寻常生活的历史遗迹，是发掘一个城市的特色和一个国家的文化的重要标志。这个项目充分尊重大院这种传统民居形式，同时加入现代元素，让传统与现代产生共鸣。从自然采光与通风的角度来发现和理解老房子在北京城市脉络中的存在，可以为我们恢复建筑与城市历史的对话提供宝贵的经验。历史与现代之间的关系是建筑师面临的一大挑战，而这个项目在这一复杂的对话关系上表现了高度的敏锐性。

——马里奥·库奇内拉（Mario Cucinella）

城市再大，人们生活所需要的也不过是个小院落，它带着我们熟悉的记忆，让我们安然入眠。

传统的北京四合院住宅有着静谧的内院和采光通风良好的房间，然而这些属于四合院独有的空间特质由于人口的极度膨胀和长期的私搭乱建已经基本消失殆尽。本案以满足住户基本生活需求为前提，通过部分的拆改和加建，使得每个住户都能分享内院空间，获得充足的阳光和良好的通风条件。让每个住户重新体验到传统四合院的静谧安逸，重新获得生活的乐趣和尊严。

设计师说

在这个建筑上，主创设计师胡越以针灸式的手法悄然改造着原来的老北京大杂院，用自己心中的活力诠释了胡同里面北京老百姓心中的小幸福。

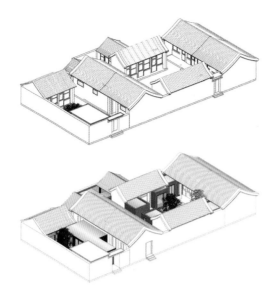

建筑展现生活的美与趣

墙

谁的墙/白色的面、灰色的瓦和灰色的砖/有的墙拆了，又砌了新的。

角

转过这个角，会遇见谁，又会看到哪棵树/二月的风吹进来，带着春的气息/一层、两层、三层、院子里，是北京的晨雾。

我看见

寒风路过的树枝，在阳光下墙的投影、玻璃的折射、隐藏着黑色的把手/屋子里，棕色横梁、楼梯、门与窗。这边到那边，不需要走过去/只需要光，看过去，一样的明丽。

不知道

院内，不知南北/只知日出和日落。听得到，巷里的自行车，穿着花裙子的姑娘，不知道敲着哪家的门/也不知道，是谁家锅里的肉香，在这里/飘来飘去。

最后

清茶浮起青芽，咖啡画出树叶/我在明亮的灯下，在草场胡同院落/让我在这儿休息一会，让那星星找不到我。晚安，北京胡同的小幸福

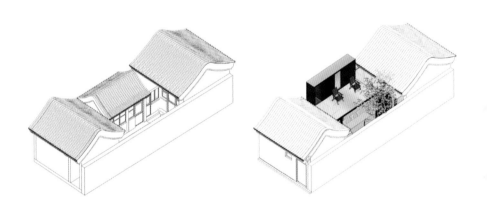

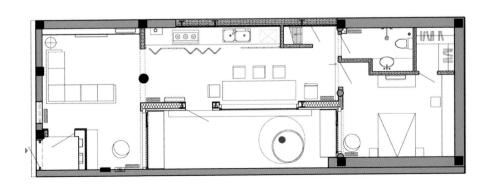

　　　　建筑展现生活的美与趣

设计师的改造·反思

改造，是为原本普通的四合院住宅得以继续它平凡的使命。

反思，传统建筑与现代城市的冲突表现在尺度和角色转换两方面。2016年北京国际设计周期间，我们在这里布置了胖子和饺子。

1.尺度的转换——胖子

院子中有一个10米高的充气人偶——胖子。他的身高是推算得来的。过去北京一般胡同宽度4~5米，而现代一般城市次级路的宽度是30米，主路宽达百米以上。随着技术的进步，城市尺度越来越大，怡人的小空间被非人的巨大空间取代。按照过去人的身高与街道宽度比值（1.7/5）反推，根据现代道路宽度（30米），人的身高至少要达到10.2米。其实我们日常生活的空间单元（如居室）与过去相比是有所减少的。但我们的公共空间以及构成它们的尺度却如此巨大。

2.角色的转换——饺子

作为一种传统食品，在这里饺子是靠垫，是沙发。它徒有外形，功能、尺度、材质已转换。这正是许多传统文化在当下的境况，你看后是否还联想到别的什么？

工程档案／

项目名称
草场胡同院落
建设地点
北京市东城区草场四条胡同8号院和19号院
创作时间
2015年5月–2015年10月
建成时间
2015年12月
总建筑面积
435.4平方米
创作团队
北京市建筑设计研究院有限公司胡越工作室，
改造部分：胡越、邰方晴、姜然、尹飞、刘
青、刘凯、罗中远、李曼；装置部分：胡越、
邰方晴、赵默超、吴汉成

女儿寨度假风情小镇
—— 恩施大峡谷

主创设计师/
李保峰，华中科技大学建筑学教授、博导，中国高等学校建筑学专业评估委员会委员，武汉华中科大建筑规划设计研究院有限公司董事长，《新建筑》杂志社社长，中国建筑学会理事。

作品解读人/

瓦西利斯·斯戈泰斯（Vassilis Sgoutas），希腊著明建筑师、国际建筑师协会UIA前任主席，梁思成奖评委。

在一块没有人工痕迹的处女地上开发项目，必然是一个艰巨的任务。因为，尽管看起来设计师有无尽的自由选择，但是，事实上，他们必须解决最大的、也是最难的一个挑战：让设计与自然和谐共生。建筑师从土家族传统民居建筑中汲取养分，尤其是当地对建筑表皮的处理，以及将整体建筑拆分的策略，由此保护了当地的建筑文化传统特色。离去之时看到那些高低起伏的小小的黑色屋顶，那将是多么美妙的回忆。如果下面的有些建筑物能再低一层也许会更好。不过，总体来说，这些建筑成功地唤醒了我们对本土文化的记忆。

—— 瓦西利斯·斯戈泰斯（Vassilis Sgoutas）

土家族婚姻自由，男女双方经自由恋爱，得双方父母同意，经巫师作证，即可结为夫妻。在恩施有"女儿会"习俗，每年农历七月十二日，青年男女通过"女儿会"，唱歌跳舞，寻找对象。遗产依然是活体，传统至今有生机，将土家女儿文化作为设计的文化基因，故本项目命名为恩施大峡谷女儿寨度假风情小镇。

恩施土家族苗族自治州位于湖北省西南部，与神秘的北纬30度黄金分割线重叠，南北向则穿过富于地理学意义的、区分中国东西两部分的东经110度线。目前，恩施大峡谷已获批5A景区，终年游客如织，但接待设施却严重不足。恩施大峡谷女儿寨度假风情小镇是个有1600张床位的山地度假酒店群，集餐饮、住宿、会议、娱乐及休闲于一体，目前第一期旅游宾馆的400张床位客房及配套设施已经竣工。

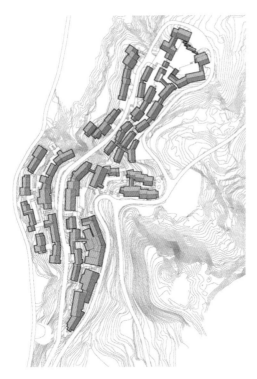

设计师说

主创设计师李保峰说，建筑师既不是纯粹的科学家，也不是纯粹的艺术家，他应该关注社会科学、自然科学和艺术。建筑师的最终产品不是形而上的理论，而是脚踏实地的建筑，从这个意义来说，建筑师也就是个匠人——一个实实在在把本职工作做好的手艺人。

山地外部空间的构成法则

等高线是山地规划重要的控制要素。汽车路小角度斜切等高线，人行路基本垂直于等高线，步行"天街"大体上平行于等高线，建筑设置双向立体入口，如此，构成了山地外部空间规划的基本原则。

自成天然之趣

吊脚楼是土家传统民居特色最鲜明的建筑类型。本设计采用"减少接地"的半干栏方式，在减少土方量的同时创造了更多的使用空间。

《园冶·山林地》：园地惟山林最胜，有高有凹，有峻而悬，有平而坦，自成天然之趣，不烦人事之工。为与场地的肌理协调，建筑布局上尽量减少大尺度的连续直线，让单体建筑的长边尽量平行于等高线，如此不规整的布局方式反而创造了灵动的外部空间，让建筑自身也成为景观的一部分。

适度使用灰瓦、块石及重组竹墙面等，这些地域材料本就是乡土建筑的语言。

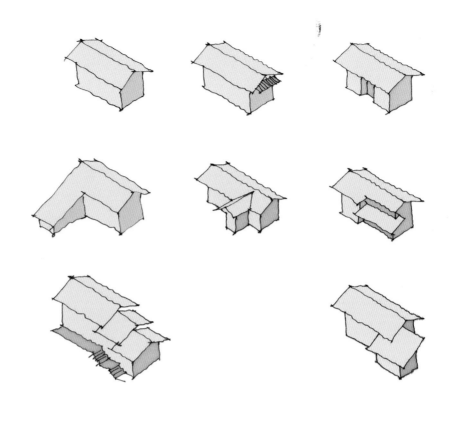

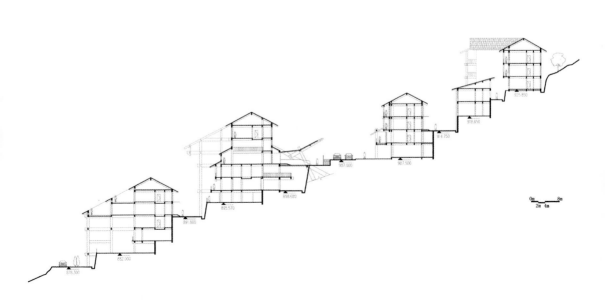

山地景观——天然景观的聚落形态组合

设计中充分利用了大峡谷独特的景观资源。"东西向"正是大峡谷的魅力所在：日出时形如流光溢彩的金屏画轴，日落时群青色的山顶透出白亮日芒。酒店建筑群主要沿等高线布置，使得几乎所有客房及公共空间都可以面对大峡谷，不仅实现了景观特色最大化，还大大节省了工程造价。

我们使用大量恩施常见植物，针对大量重力式挡土墙布置了垂直绿化树种，这些植物不仅价格便宜，而且生长快，成活率高。

重力式挡土墙施工简单：多层高差分级处理，之间设绿化带，既可化解塌方隐患，又可形成有层次的带形绿化。

使用因土家古老而豪放的摔碗酒传统而产生的废置陶碗碎片作为室外硬质铺地的面层，结合地域文化的表述而循环利用了这些废弃的物质，节省造价成本，减少环境负担。

工程档案 /

项目名称

恩施大峡谷

项目地址

湖北省恩施土家族苗族自治州

创作时间

2012年5月-2014年6月

建造规模

2万平方米

设计单位

武汉华中科大建筑规划设计研究院有限公司

建筑师团队

王君益、卢南迪、叶天威、言语、羊青原、万顺、成丽冰、陈可臻、戎升亮

规划师

丁建民

景观设计师

徐昌顺

是工厂也是农场

—— 浙江同力服装有限公司

主创设计师/

王大鹏，筑境设计杭州公司总建筑师，中国建筑学会资深会员，中国博物馆协会空间与新技术专委会常务理事，东南大学建筑学院企业研究生工作站导师，重庆大学建筑城规学院专业实习企业导师。

工作环境的设计对于人们的生活品质来说至关重要。这个项目将整个服装厂打造成了一座大花园，赋予工厂建筑和生产活动一种新的美学体验。这样设计的好处有很多，除了新的美学体验之外，也更有利于工人对工作建立一种新的印象。更关注人，更关注环境，这似乎已经成为可持续设计的新法则，不只是环境的可持续，也是以人为本的可持续。

—— 马里奥·库奇内拉（Mario Cucinella）

作品解读人/

马里奥·库奇内拉（Mario Cucinella），英国皇家建筑师协会FRIBA荣誉院士，美国建筑师协会FAIA荣誉院士，国际绿色节能建筑权威智库专家，意大利博洛尼亚大学可持续发展学院院长。

建筑与人的生产、生活息息相关。设计师从使用者的角度出发，本着创造性解决问题的态度，参与到生活环境品质的营造中来，帮助业主重新构筑了他想要的以及人与环境的关系。

"制造场所"的转型与营造

改革开放以来，经济的飞速发展为我们带来了丰硕的成果，但是我们依旧处在"制造"阶段，在这个大谈产业升级转型与创新的时代，新的工作场所应该对此做出积极回应。在"制造"阶段我们关心的是产品的数量，忽略或者淡化了生产者的感受甚至生存生活状态，我们提高效率的根本目的是什么？密集型人员的生产工厂能否因为设计的参与而使得劳动者的工作和生活具有一定的尊严感

和体面感，甚至是自豪感？这些是本方案设计的出发点和立足点。

任何建筑不可能脱离环境而存在，既然如此就应该积极面对与回应所在的环境。首先在整体布局上设计结合不同的功能来组织建筑的空间关系，特别注重高低、前后与疏密的对比协调；其次充分利用场地高差来组织功能与交通流线，既使得内部人车分流，又使得生产与生活相对独立联系方便；再次充分利用造景、借景与对景手段，进一步丰富建筑群体的空间和提升环境品质。我们希望新建的厂区是这个城市的"发动机"与"亮点"，而不是"累赘"与"盲区"，这是一个内外兼修的过程。

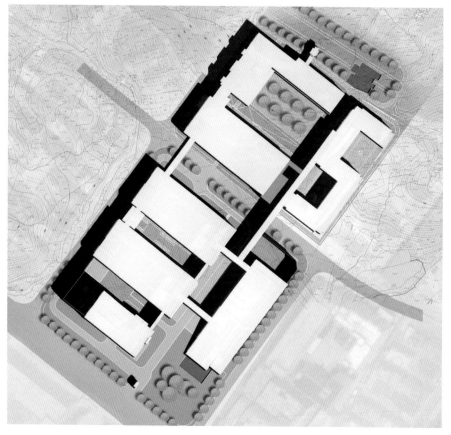

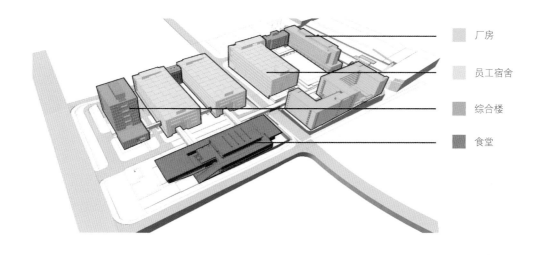

厂房

员工宿舍

综合楼

食堂

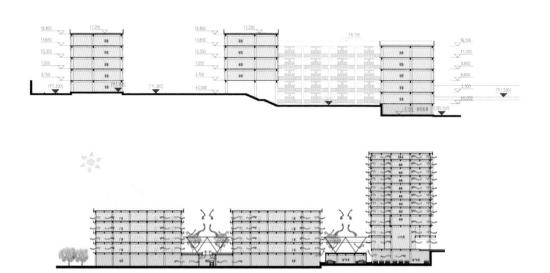

务实的设计

设计师王大鹏说，他们的方案之所以被最终采纳，用业主的原话回答就是"我们的方案让他感到心里踏实"，之前业主征集的方案更多体现的是建筑师的一己之好，并且对生产与生活、功能与交通等基本问题都未能很好的解决，尤其是对9米多的场地高差处理得很生硬。由于王大鹏先后参与主持了好几个大型的博物馆建筑，对不同功能及流线的组织很敏感，设计伊始就很好地解决了项目面临的基本问题，所以业主很"踏实"地选择了他们的方案与团队。

"合谋"的农场式工厂

设计利用生产车间大面积的屋顶布置了生态农场，并且尽量利用自然通风与采光，降低生产能耗；还收集附近山体泄洪的雨水经过简单处理后浇灌屋顶的生态农场与场地花木，用现代田园理念营造了一座立体生态、绿色环保和自主循环的可持续建筑，从而使得生产效率与舒适环境相协调。

这个项目还在屋顶设计了猪圈和菜地，这是设计师王大鹏和业主"合谋"的结果。王大鹏说："一开始画效果图为了好看，屋顶就画成了草地，实施时业主认为屋顶绿化施工及维护都要花钱就要求我们取消，我和业主建议要不就在屋顶种菜吧——这么大的屋顶不利用实在可惜了。起初业主有点犹豫，后来大家调研分析后认为屋顶种菜是可行的就实施了。菜刚种下业主就提出还要建造猪舍，用烂菜叶和食堂剩饭喂猪，于是我就设计了便于冲洗猪粪带有架空楼板的猪舍，再后来还利用两幢厂房之间天桥下的空间设置了鸡舍。我特别喜欢这样的处理，何况种菜养猪的用的水是来自山上泄洪渠的雨水，业主建造了蓄水容量高达4000立方米的蓄水池，对泄洪渠的水简单净化处理后即可利用，而且屋顶覆土种菜使得顶楼冬暖夏凉，这是一座不折不扣的可持续建筑群。"

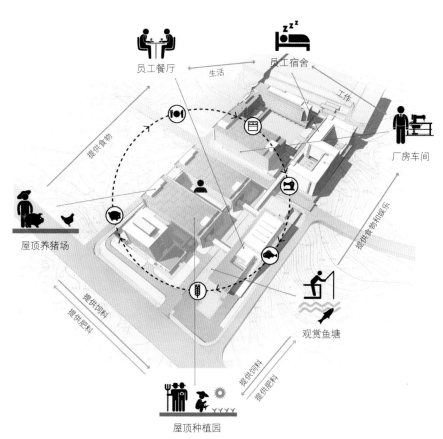

员工餐厅　　生活　　员工宿舍

工作

厂房车间

提供食物

屋顶养猪场

提供食物和娱乐

提供饲料

提供肥料

观赏鱼塘

提供饲料

提供肥料

屋顶种植园

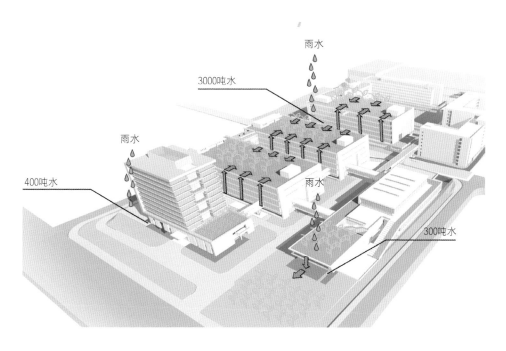

雨水

3000吨水

雨水

400吨水

雨水

300吨水

凸显人文关怀的企业态度

从带有可供暖的中央空调的员工宿舍，到地下室的豆腐、米酒、酸菜制作间；从两百多间的夫妻房，到二期正在建造的托幼所；从自动存取款机、图书阅览室，到可供一千人以上集体活动的多功能室；从荷塘、林荫广场、户外篮球场，到15亩车间屋顶的种植养殖；从饮水间、晒衣露台，到下雨天不用打伞贯穿全厂的风雨连廊……这些无一不流露出业主对员工的善待。设计师合理的设计以及与业主的积极互动，最终让数千名使用者体验到了现代化工厂的舒适与效率，并且还感受到了生态农场的绿色环保与浓浓的人文关怀。

工程档案／

项目名称
浙江同力服装有限公司
项目地址
浙江省东阳市经济技术开发区
创作时间
2010年-2014年
一期用地面积
57342平方米
一期总建筑面积
115707平方米
创作团队
王大鹏、柴敬、黄斌、沈一凡、孟浩
结构
孙会郎、王铭、方韦韬、鲁小飞、刘传梅、黄建林、杨旭晨、冯自强
机电
潘军、王瑞兵、于坤、张庚、杨迎春、李鹏展、纪殿格、竺新波、何佩峰、陈敬、裘连鑫、陈玮

有凤来仪

—— 三亚凤凰塔及婚礼堂

主创设计师 /
马泷，北京市建筑设计研究院副总建筑师，曾获得亚洲建筑师协会金奖、中国建筑学会青年建筑师奖、中国建筑学会建筑创作金奖；全国勘察设计优秀工程一等奖、全国BIM建筑设计一等奖。

主创设计师 /
杨柳青，北京市建筑设计研究院建筑师，清华大学建筑学硕士，巴黎拉维莱特建筑学院访问学者。

作品解读人 /

帕特里克·舒马赫（Patrik Schumacher），扎哈·哈迪德建筑事务所负责人，英国皇家建筑师学会会员，哈佛大学设计研究院建筑学John Portman主席。

三亚凤凰塔呈现出一种非常规的造型体验，施工的可行性有一定难度。婚礼厅的功能相当简单——一个可以容纳120位宾客的观景庭。问题仍然是，如果需要这样一种复杂的形式——没有任何技术和功能支持，这种设计就像是一种纯粹的审美偏好。我们不应该为了形式而工作，而不考虑形式的功能，只关注形式特征和视觉表象问题（但在这里，中国人对婚礼的精神企望也是建筑主要的功能）。

——帕特里克·舒马赫（Patrik Schumacher）

每一段爱的行程都伴随着一份浪漫，凤凰塔下的虔诚祈愿，是终点也是起点……

诠释凤凰之形

凤凰塔位于三亚凤凰谷，这里群山起伏，茂林修竹，湖水清澈，隔山与南海相望。确切说这首先是一个景观标志，业主希望在山谷的任何位置都可以望见她，进而我们在塔中设计了一座虚幻的婚礼堂，赋予其生命力。

把一个地名、一个传说赋予真实形象，这其实是非常艰难的创作过程。因为凤凰造型在三亚比比皆是，无论从色彩、材质、形态、寓意上都趋向于民俗化、图腾化、叙事化。

凤凰塔及婚礼堂的设计即承托了东方千年的凤凰文化积淀，又融合着当代简约美学思想和建筑理念的内涵。她应该是自然和谐的、优雅谦逊的、亦真亦幻的，但首先必须是真挚的。

建筑展现生活的美与趣

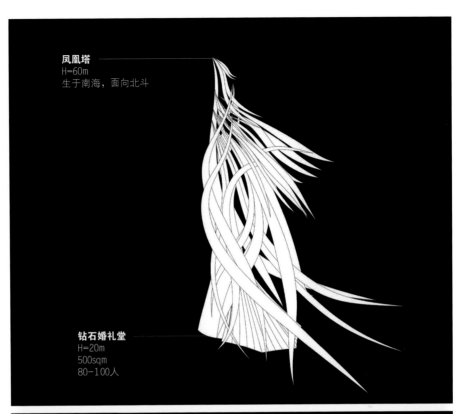

凤凰塔
H=60m
生于南海，面向北斗

钻石婚礼堂
H=20m
500sqm
80-100人

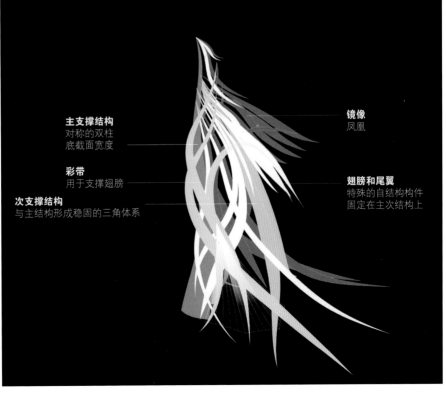

主支撑结构
对称的双柱
底截面宽度

彩带
用于支撑翅膀

次支撑结构
与主结构形成稳固的三角体系

镜像
凤凰

翅膀和尾翼
特殊的自结构构件
固定在主次结构上

展现技艺之美

本设计理念是通过一组自由而有张力的曲线，勾勒出凤凰的总体形象，在抽象中获得可识别性。

形成建筑的每一条棱形空间曲线，内部均有十字形钢骨架构成，外覆白色微穿孔金属板，阳光下整个凤凰塔会呈现出若即若离的缥缈之感。

夜晚柔和的灯光从曲线内弥散出来，配合地面营造的水雾环境，整个凤凰塔及婚礼堂仿佛置身仙境，让人难忘。

婚礼堂的表皮由通透的晶体玻璃围合而成，通过白色釉面处理呈现出由实到虚、由梦幻到现实的过渡，并与上部丰富的造型一起为晶莹的婚礼堂提供全方位遮阳保护。

婚礼堂可以容纳120人，化妆间、休息室等辅助空间以及空调新风系统均消隐在实木地板下方，有阶梯和升降舞台与现场相连。通过高起的礼堂上空形成天然的烟囱效应，使空气持续循环。

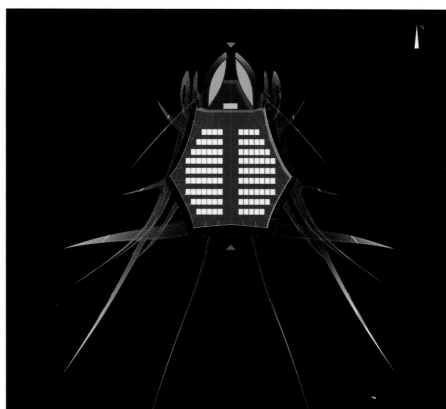

工程档案／

项目名称
三亚凤凰塔及婚礼堂
项目地址
中国 海南省 三亚市
用地面积
2000平方米
凤凰塔高度
60米
婚礼堂面积
300平方米，可容纳120人
创作团队
BIAD_4

自然的比例

——广州东站改造

主创设计师/
孙一民，中国国家一级注册建筑师，完成2008北京奥运羽毛球馆、摔跤馆、2010广州亚运3项场馆以及1项深圳世界大运会体育建筑工程。负责和主持多项城市设计项目，并担任广州重点地区城市总设计师。作为中国前五名建筑学院的院长，致力于建筑教育并努力推动中国建筑教育与实践的国际交流与发展。

主创设计师/
夏晟，中国国家一级注册建筑师，关注公共空间相关的建筑和城市设计，完成历史地段、河口地区、工业区、中心区、特殊功能区等多项城市设计项目，现阶段主要研究设计控制的方法与实施。

主创设计师/
邓芳，中国国家一级注册建筑师，现任华南理工大学建筑设计研究院主创建筑师。主要从事以体育建筑设计、医院建筑设计为主的大型公共建筑设计与城市设计研究。

火车站是城市环境中重要的公共空间，为城市生活带来无尽的可能性。基础设施的建筑与景观改造至关重要。广州东站的改造和扩建是城市更新改造的一个契机，是将景观融入城市脉络，以此改善市民生活环境的机遇。城市改造能够创造新的气候条件，带来更好的生活品质，为我们建设的日渐疯狂的、同质化的城市树立新的形象。在这个项目中，设计师关注环境与可持续性，为中国未来的发展展开了一幅崭新的图景。

——马里奥·库奇内拉（Mario Cucinella）

作品解读人/

马里奥·库奇内拉（Mario Cucinella），英国皇家建筑师协会FRIBA荣誉院士，美国建筑师协会FAIA荣誉院士，国际绿色节能建筑权威智库专家，意大利博洛尼亚大学可持续发展学院院长。

广州东站改造项目始于2009年，以广州市新中轴线整体城市设计为背景，以火车东站功能需求为基础，建立一个人性化、高效的城市门户区。2017年，新一轮的改造启动，为了缩小空间尺度，设计加入了相对人性化尺度的建筑元素，越来越多的公共活动开始出现，营造了一个舒适的公共场所，广东东站在发挥城市运输工作的同时，成为了充满活力的公共景观。

设计师说

主创设计师孙一民是国内知名建筑师，曾率领团队完成了2008北京奥运羽毛球馆、摔跤馆，2010广州亚运3项场馆以及1项深圳世界大运会体育建筑工程。孙一民善于在大跨度建筑中表现自身的玲珑剔透，对自然的一点通透奠定了他在空间结构上的实力和设计风格。

按孙一民的说法，这个项目有多个故事。故事开始的契机，是2010年广州亚运会的成功举办，它的开头，是以一个关于景观的问题写下的：在快速城市化进程中的中国，城市景观应该扮演什么角色？

这也是一个写作时间比较长的故事，在亚运会举办6年后，广州东站又启动了新一轮的改造。在这么一个长的时间段里，留给设计师一个足够的空间去思考和学习，在自身的生活经验中，在对这个城市的探究中，逐渐形成了新的广州东站去作为故事开头的回应：它处于人与城市之间的一个连接，整合了功能性、舒适性、气候条件、公共空间……最终，变成城市整体景观的一部分。

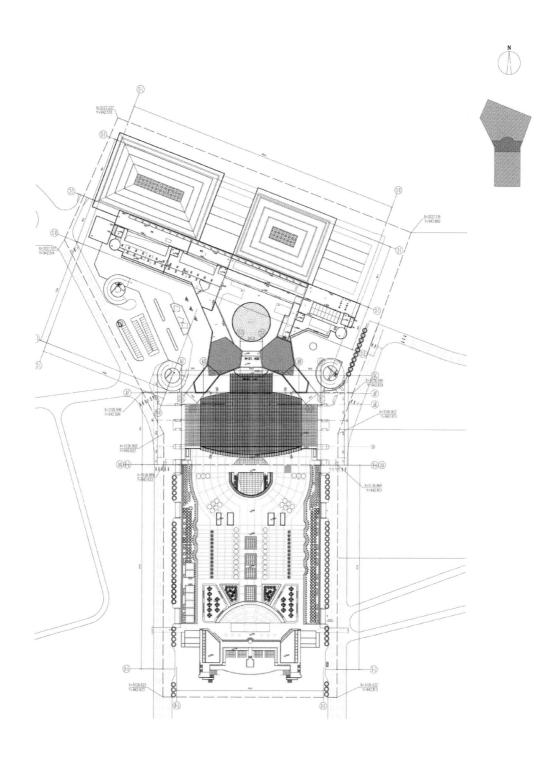

功能的故事

广州东站是连接香港的重要门户节点。始建于20世纪90年代，在实际建设过程中原来的设计没有完全建成，进站流线没有实现原设计的"上进下出"。导致首层进出口阴暗、混杂。

2009年进行的一期改造，业主的初衷是简单景观性的，任务提出拆除大部分的二层楼板增加雨棚。然而在设计中虽然业主方没有提出要求，设计团队考虑到在未来车站发展及原设计的合理性，车站的交通流线可能会恢复二层进站，同时二层公共空间需要与主要人流相依，便对二层楼板的拆除总量进行了审慎研究，留下了足够恢复进站流线所需要的平台空间。

在2016年二期改造中，主要的目的便是恢复二层进站，提高舒适度与安全性，把部分空间作为室内大厅处理。这就恰好印证了首期改造预估的预见性。

这个火车站来来往往的人们来自中国不同的地方，他们身上带着不同的地域文化，不同的信息。这些信息在车站进行交流汇通，不同的地域文化在这里冲撞碰头，这要求火车站能提供一个优秀的生态环境，能让这些信息文化产生良好的互动。而这，设计师通过结构的设计和对光线的运用达成了目的。主入口从首层也被转移到了二层，打开楼板开口，通过一道"光的天幕"来覆盖，这个弧形的玻璃屋面不仅能遮风挡雨，还将自然光引入进空间内。而在第二期的改造中，在天幕玻璃之下垂挂金属遮阳帘，提升遮阳系统的效率，并使自然光变得柔和起来，给人们一个触摸天空的体验。

结构的故事

建筑的支撑结构布局由原有轴线向上延伸而成，整个不规则的建筑形态采用理性的参数化模拟生成。这种不规则体现在了设计师独具匠心的大跨度结构的运用。无论是屋顶，还是起到支撑作用的柱子，基本采用了树柱的结构，在顶端形成树杈，这不仅使支柱更好地承担起整个建筑的重力，而且使得这些裸露的钢结构体现出了自然生命的感觉，传递出了一种自然力量的美，而非我们平常在钢铁上所感知到的冷峻。让人们在物理空间内亲近自然，变得有活力。

结构的构思从来不是那么诗意无限的，流畅自然的外在形象背后是有故事的。项目从一开始就被严格限制在工期框架内。从2009年到2010年亚运会开幕，本项目设计与施工的时间总计9个月。苛刻的条件催生了参数辅助设计的工程运用，借助参数设计的手段，目前的结构框架貌似多变的曲面形态均分解为平面构件。便于控制和现场拼接，让拆除工作、混凝土工程与钢结构工程互不影响，确保了工期，而且在施工期间，车站正常使用。

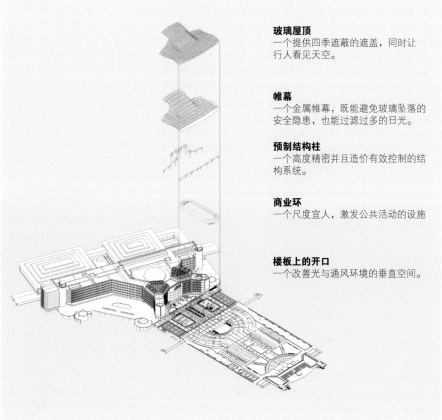

玻璃屋顶
一个提供四季遮蔽的遮盖，同时让行人看见天空。

帷幕
一个金属帷幕，既能避免玻璃坠落的安全隐患，也能过滤过多的日光。

预制结构柱
一个高度精密并且造价有效控制的结构系统。

商业环
一个尺度宜人，激发公共活动的设施

楼板上的开口
一个改善光与通风环境的垂直空间。

城市的故事

这个项目南接广州新八景之一的东站广场"天河飘绢"瀑布，东西侧分别以林和中路、林和西路为界，其本身就是一个公共景观。作为公共空间，原来拥有的是已经被废弃的广场，巨大的尺度，空旷的场所，缺乏其本身应有的质量。设计采用人工景观修复的方式优化环境，从而逐步改善城市的公共空间。比如用一个环形的半开放环亭，容纳未来的灵活和可移动的商业设施以及天幕玻璃之下垂挂的金属遮阳帘等，这些设施造成

了越来越多的公共活动，逐步恢复了这个场所的公共性。

但主要的还是设计师对于结构和光线的运用对外部环境也产生了影响。无论是这个建筑的镂空，还是曲面，通过顶上的光膜，外部光线和内部光线形成了配合，特别是在傍晚的时候，这里成了城市里一道亮丽的风景，让其回归到它作为一个公共建筑的地标性。另一方面，树柱的结构延伸到了车站外部，让内部的自然概念与周围的城市环境融为一

体，营造出一个富有自然生长气息的生态环境，打造出与周遭环境和谐的城市景观建筑。

首期改造带来的半室外公共空间并未带来东站流线的改变，亚运会后二层平台又恢复了封闭管理。2010年后几年的演变，这里开始聚集无家可归者，到2016年，城市与铁路管理方开始考虑如何利用二层空间。这样，整体活化二层公共空间提上了日程。2016年的改造以提高二层半室外空间的舒适性，形成

有亚热带气候特色的进站大厅成为了目的。

未完的故事

2017年春节，春运的人潮开始在二层平台会集，多方向的便利设施，柔和的屋顶新界面给归家心切的游客带来了温馨的厅堂感觉。

春节过去了，整改还在继续，人性化的细节改进也在继续，铁道部门的精细化、人性化管理改进让人更加期待未完的故事。

工程档案／

项目名称
广州东站改造
项目地址
中国广东省广州市天河区
项目时间
包含两个时期的创作和实施。一期于2009年12月签订设计合同，于2010年4月提交施工图，2010年9月28日施工完成。
二期于2016年4月开始设计，2016年12月施工完成。
总用地面积
13.7公顷
创作团队
华南理工大学，孙一民、夏晟、邓芳、冷天翔、刘潇、宋刚、钟冠球

让建筑动起来

——北科建嘉兴创新园展示中心

主创设计师／

窦志，著名健康建筑专家，远洋设计研究院执行院长、中国建筑学会资深会员、国家综合评标专家、北大城市产业发展协会副会长、北京建筑大学硕士生导师。

主要设计师／

唐思远，2006年从事建筑设计工作，具有丰富的健康建筑设计经验，多年来参与各种项目，包括办公、居住及文化建筑，他凭借在中国顶尖设计企业十年的工作经历，致力于通过优质设计方案帮助业主解决难题，并满足不断更新的市场需求。

设计在使用者视角上展现了强大的创新。考虑到用地所在地是中国南部的一个三线城市，设计完成度可以算是很高的。项目的社会影响在于它建立了用地与市区公园之间的衔接。项目的构成十分有趣，但是重要功能区的关系缺乏明晰的视觉区分。只有功能区的组织简明清晰，让使用者一目了然，建筑才能正常发挥其功能。附属建筑、衔接空间和功能布置只有让人能认出来，才能发挥作用。必须能够让使用者从视觉上将建筑拆解成相互关联的几个部分。

——帕特里克·舒马赫（Patrik Schumacher）

作品解读人／

帕特里克·舒马赫（Patrik Schumacher），扎哈·哈迪德建筑事务所负责人，英国皇家建筑师学会会员，哈佛大学设计研究院建筑学John Portman主席。

建筑在形式上的不确定性以及强烈的动态特征与传统静态建筑相比，其独特的空间变化逐渐吸引越来越多的人。

2008年初，北京科技园建设集团开始投资建设长三角创新商务区，它是集科技研发、企业总部、商务办公、五星级酒店、时尚商业于一体的新型城市综合体。北科建嘉兴创新园展示中心地处浙江省嘉兴市秀州新区，建于2011年，位于中山西路和秀清路的转角之间，是长三角创新商务区1号地块步行商业街的南入口之一，展示、洽谈、会议、办公，多元化的建筑功能对其形态产生了明确的要求。

设计师说

主创设计师窦志说，由于项目独特的功能定位，因此需要形成较强的城市标志性。我们尝试用动态表达的手法来强调展示中心的指向性和引导性，让它成为北侧创新园主体建筑群的动态视线引导。人们通常把建筑称作凝固的音乐，希望在这个建筑中，呈现更多跳动的音符。

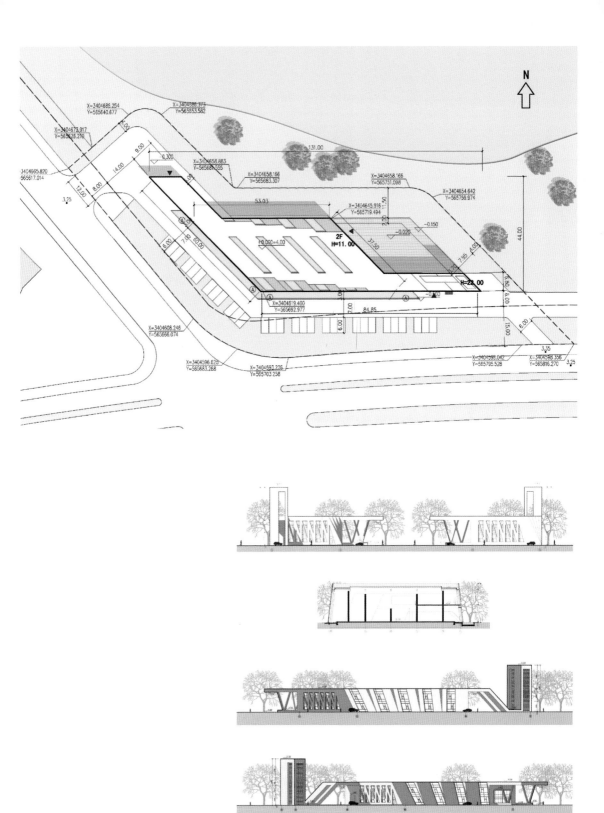

动态秩序的建构

起伏的造型

展示中心沿城市主干道平行展开，以迎向市中心一侧为制高点，由大幅起伏—小幅波动—平缓延伸，变化的轮廓线产生强烈的动态效果，引导视线至创新园主体建筑。

南北外墙各由五块斜率不同虚实相间的平行四边形墙体及小块的三角形墙体曲折相连构成，形成模糊界面，产生如扇面展开一般的动态效果。

连续的空间

建筑内部空间由多个平行四边形体量并置串联构成，由于每个四边形外墙倾斜度逐渐增加，因此形成的内部空间也是连续变化的，从而带来一种动态体验。

建筑灰空间的使用，使其在融入周边环境的同时，有效地将周边建筑、道路、公园和创新园有机地联系在一起，形成交融与汇聚的动态空间。建筑不再是一个独立的客体存在，更具有与城市对话的特征。

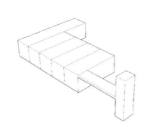 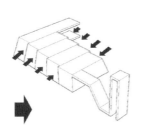 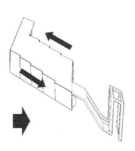 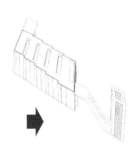

伸展的视线

建筑外部多个斜面表皮的组合使视线具有更大的延展度和方向感，视点的移动与表皮产生互动，打破建筑呆板的惯性，形成流畅连续的视觉享受。

建筑内部上下两层贯通，开敞式设计使视线在室内通达无阻，并借南北幕墙向室外延伸，形成视线通廊。

推移的光影

建筑内，光线通过屋面条形采光带按照一定排列秩序投射于室内，产生良好照度的同时也形成强烈的节奏感。

楼梯间，阳光穿过透明的玻璃顶棚对其进行渲染，光影变化丰富了这一原本单调的交通空间；外墙及地面，金属百叶留下清晰丰富的线性"物影"，这些影子随时间的变化而发生推移，形成富有韵律和变化的光影形式。

建筑外，环形水面围绕产生的倒影，让建筑更具活力。

运动的材质

建筑外装饰面材料主要为玻璃及水泥纤维板，玻璃质感光滑、轻巧，水泥纤维板质感粗糙、厚重，二者形成对比。基于水泥纤维板的可塑性，通过在板材上开出间距不同、宽窄不同的纹理产生运动感。同时，每块板材的纹理走向都遵循其所在外墙部位的倾斜角度，这种多而紧密的条形纹理顺应建筑形体的变化，更加突出建筑物的动态效果。

变化的细部

建筑南北墙面的玻璃幕墙分格采用错位方式、东西墙面采用折线立面形式，主入口的悬挑支撑采用"V"形结构柱，这些细部处理方式进一步加强了建筑的动态效果。

嘉兴创新园展示中心不同于一般建筑的形式，它更像是一座环境中的雕塑小品，"连续的折线"是用得最多的设计手法——它勾勒出起伏的造型、连续的空间、伸展的视线、推移的光影与变化的细部，串起了新奇、时尚、前卫的感受，令人视觉惊喜不断。

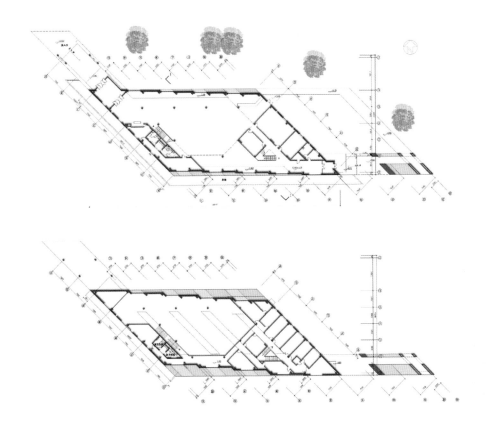

　　　　意料之外的非既定与非建筑

工程档案 ∕

项目名称
北科建嘉兴创新园展示中心
项目地址
浙江省嘉兴市
创作时间
2009年－2011年
总建筑面积
2380平方米
设计单位
远洋设计研究院
建筑设计
窦志、候芳、唐思远
结构设计
肖传昕、孙磊
摄影
周若谷

绵延在城市之外的画卷
——房山线

主创设计师 /
李雯，福斯特合伙人建筑设计事务所合作注册建筑师，清学建筑事务所合伙创始人。

主创设计师 /
戚积军，毕业于清华大学建筑设计及其理论专业，并获得硕士学位，国家一级注册建筑师。新加坡邦城规划总建筑师，清学建筑事务所合伙创始人。

房山线地铁站房的设计很简单，遵循「形式服从功能」的原则。设计完成度不够高，无法匹配原始的设计意图。设计采用纸卷的理念，简单而优雅，但是建造的结果看起来略显沉重，不符合纸卷的轻盈感。据建筑师说，施工工期很紧张，施工技能水平也不够高。中国建筑设计与施工的快速需要重新审视一下了，应当考虑到建筑的使用时间。建筑不应该成为一种快餐式的生产链；建筑应该有更深层的社会影响。我们必须形成规范化的管理系统，以期实现建筑环境的社会功能。

——帕特里克·舒马赫（Patrik Schumacher）

作品解读人 /

帕特里克·舒马赫（Patrik Schumacher），扎哈·哈迪德建筑事务所负责人，英国皇家建筑师学会会员，哈佛大学设计研究院建筑学John Portman主席。

设计从不是枯燥无味的，无论多复杂或多简单的设计，都是要回归环境与建筑本原去看待，城市公共建筑的设计更是如此。设计以积极态度去看待城市自发的营造行为，将艺术融于城市公共设施的功能之中，如同描绘一幅大型画卷。

北京轨道房山线的建设意义重大，它不仅满足了房山新城与中心城区间交通出行的需要，也有效地发挥了城市建设的引导功能：提升沿线土地价值、有效疏解中心城人口和产业、推动城市功能布局优化。经常乘坐这条地铁线的人见证了几年来沿线周边地区日新月异的发展。

回归环境的设计艺术

在设计阶段，首都规划委员会明确提出造型的美学要求："简单和令人愉悦。""城市画卷"能够顺利通过评审，主要得益于对外部环境和规划理念恰如其分的呼应。

车站外部环境特征引导建筑设计：第一，车站被上下行两条轨道在站台层穿起来，仿佛一串珠链；第二，大部分车站位于路中绿化带，两侧是车行道，通过跨路连廊连接人行道；第三，符合大量客流对车站方向性和可识别性的要求。规划理念延续贯穿到建筑设计：一线一景，城市画卷；一带一站，发展蓝图。

设计概念源于传递信息，建筑师一向笔纸不离身，取一张纸卷起一支笔。纸，两端沿笔的方向错动，同样，屋面被轨道拖曳着，表达出方向性和行进感。利用最小限度包覆站台，上部形成站台屋面，顶部相叠处，自然形成避雨通风带，夏季带走闷热空气，端部斜抹，材质由金属幕墙转换为通透的玻璃幕墙，缓解相应路侧驾驶者的视线压力；底座对道路的压迫感也降到最低。

受限于设计施工周期和施工水平，车站最终建成效果距离设计构想有很大差距。

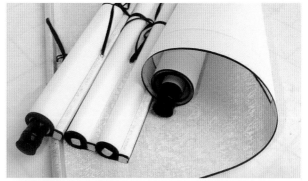

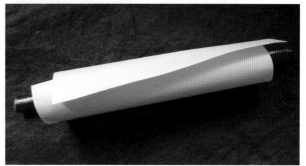

解决设计难点

房山线的九座高架车站（稻田站、长阳站、篱笆房站、广阳城站、良乡大学城北、良乡大学城、良乡大学城西、良乡南关站、苏庄站）在设计要求上不仅要解决视线、采光、通风的问题，同时也要保持视觉上的高识别性和功能上的适用性。

"有问题，要提出问题，并解决问题。"每一个真正的设计师都不会因为问题的存在而退缩。由于车站特殊造型，幕墙与屋面是一个整体，采用了直立锁边金属板和少量玻璃幕墙。结构无法准确计算金属面构造系统的风载受力情况，在表面承受负压的情况下连接节点容易受损失效，T3航站楼也出现过类似问题，最终此类构造系统只能也必须依靠风洞试验来判定。

交通建筑无论多小，只要设置公共卫生间，都面临大流量、高频率使用问题。车站卫生间置于站台层还是站厅层曾有过激烈的争论。最终设在了站台层，更便于等候乘客和车厢乘客急用。同时，高架站站台层连接轨道，对外开敞，通风良好，更有利于气味扩散。

不同于普通民用建筑，地铁或轻轨车站都是设计使用期限为100年。一旦投入运营，维护维修和改建都受到很多限制。"房山线"受限于设计施工周期和施工水平，车站最终建成效果距离设计构想有很大差距。然而，是否真的做到"简单和令人愉悦"？就留给使用者，留给时间来检验吧……

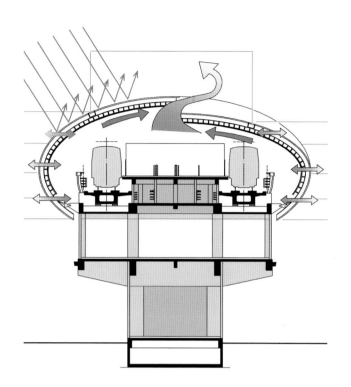

　　　意料之外的非既定与非建筑

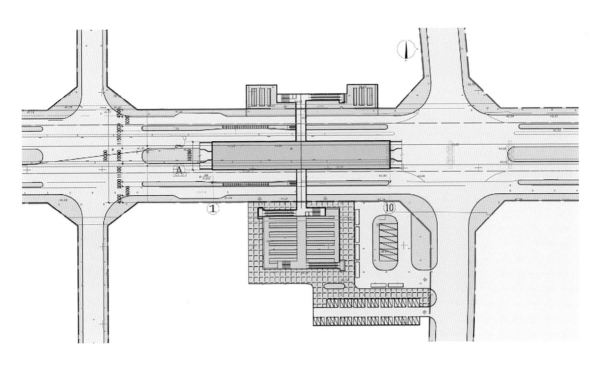

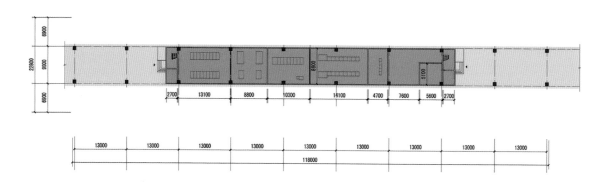

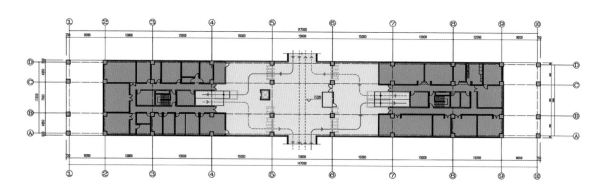

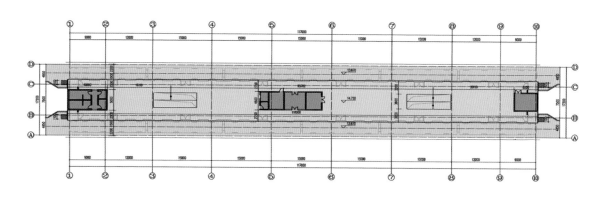

工程档案 /

北京轨道房山线整体设计用时6个月（2009年1月-2009年7月），房山线北起丰台区郭公庄站，南至房山区良乡苏庄站，线路全长约24.799公里，沿线设车站11座，其中高架车站9座，地下车站2座，于2010年12月建设完成。

延续"一线一景"规划理念，9座高架车站平面布置、造型均协调统一。基本站型为高三层，岛式或侧式站台车站。首层设备用房，二层站厅加部分设备用房，三层为站台。

项目名称
房山线
项目地点
北京
项目规模
9站
主要经济技术指标
单站5270～6016平方米
创作团队
BIAD－WWS，李雯、沈珏、周雅丽、李昆、胡佩华

不东不西的建筑

——东庄西域建筑馆

主创设计师/
刘谞，1982年毕业于西安建筑科技大学（原西冶）建筑学专业。1996年教授级高级建筑师、1997年享受国务院特殊津贴专家、全国优秀科技工作者、国家一级注册建筑师、国家注册投资咨询师、中国APEC建筑师、中国百名建筑师、中国建筑学会常务理事、新疆玉点建筑设计研究院有限公司首席设计师、新疆城乡规划设计研究院有限公司董事长。

主创设计师/
张海洋，土生土长的80后新疆建筑工作者，新疆玉点建筑设计研究院建筑师。

主创设计师/
刘尔东，美国南加州建筑学院（SCI-Arc）在读生，新疆玉点建筑设计研究院特邀设计师。

作品解读人/

约阿希姆·福斯特（Joachim H. Faust），建筑工程硕士/注册建筑师、HPP集团公司总裁、HPP国际公司董事，是德国唯一一位连续三次陪同总理默克尔访华的建筑师。

在这个项目中，设计团队想让我们见证东西方建筑风格的对决。就设计意图来说，我不认为这很重要。然而，作为一个生态环境研究中心的设计，这里面体现出的设计原则我深表赞同。建筑结构的体量和周围环境可能是一个令人惊讶的元素。但是，当我看到建筑剖面的时候，我觉得堆叠的内部板材令人费解。不过，既然设计团队表达了对设计原则的充分理解，我很愿意亲身走访这里，去更好地理解这里的实际环境。

——约阿希姆·福斯特（Joachim H. Faust）/德国HPP建筑事务所（HPP Architekten）

建筑本应该像土里、天空生出来的一样，朴素而自然。

不论地域、文化、财富，建筑师刘谞忠诚地为人们提供他们喜爱而又不破坏其生存环境的空间。改变不平等的生活状态，以自然放松的心态来体悟自然和建筑。他说，身在新疆，我执念于关注贫困地区的普通建筑，使建筑存在于特定的空间和环境并诠释建筑师的自我品行。

荒芜后的重生

天山脚下的乌鲁木齐市托里乡，有一座有着60多年之久的荒芜粮店，如果没有被设计师们发现，或许这个粮店将永远被世人遗忘。设计师们为了保护草木不再损害，建筑在原有基地上搭建，坐北望城、朝南近山，"东庄西域"就在这里诞生了。

远远望去像是山上滚下来一块灰白石头，既不碍眼也不张狂，安妥而立于蓝天烈日、沙

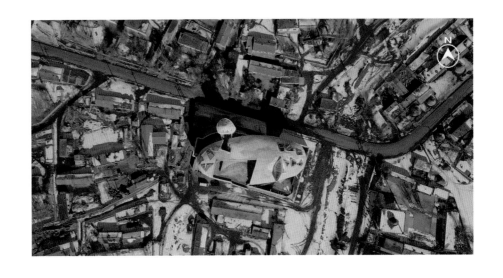

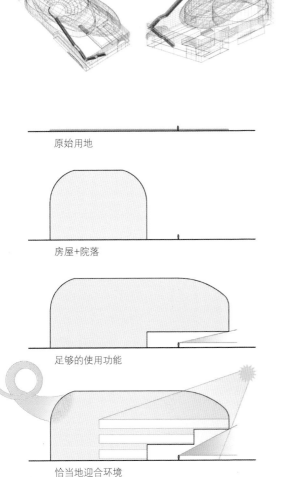

原始用地

房屋+院落

足够的使用功能

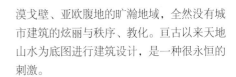

恰当地迎合环境

漠戈壁、亚欧腹地的旷瀚地域，全然没有城市建筑的炫丽与秩序、教化。亘古以来天地山水为底图进行建筑设计，是一种很永恒的刺激。

对资源尊重的方式

厚墙、小窗抵抗着烈日辐射和冬季保暖，水泥、沙子，不得不用的钢筋和尽可能少用的玻璃，构成了整个空间，既是生态的保护也是对资源的尊重。

用传统技术空心墙、干打垒、土坯、石块砌筑的原理和方法来构筑牢靠、简单、实用的建筑。关注材料本身的肌理来展现表皮、非既定的空间形成具有整体"自然信息"的完成度，尊重数据框架生态循环体系的设计，体现出当地生活的多样性、随意性、模糊性，并赋予其自由、自在、自生的动力。

意料之外的非既定与非建筑

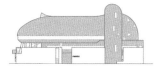 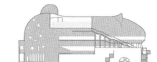

空间结构的交互

东庄是个"透明体"，内部含糊楼层概念，具有不确定的多种与多重适用的可能性。空间组织上下左右互通互联，并与自然环境形成顺风雪、挡风雪的形体流线以及采光、通风的有机利用关系，与外部空间"凹凸"镶嵌的契合，是一座按需凿琢挖掘原有的和"创造"的空间并被劳作者使用，以"和"与"器"为理念的建筑。

务实的设计

东庄西域的设计除了像正常建筑的标准外，设计师们将暴风骤雨、抗沙尘、遮挡紫外线和耐久这些当地复杂的自然环境也考虑到了。建筑不是财富和技巧试验的场所，贫困地区更是如此，取用当地材料、民间工艺、适用技术。漂亮不是美，即便是美也与时尚常常擦肩而过。顺眼顺心、适应性强、一能多用就是好建筑，耐久性就是历史性，就是标志性，就是乡土。沙漠腹地的房子归顺自然、自生自灭便是安好。灯不是光，靠投入产出的东西依赖太多，太阳和月亮才是真正的灿烂和可靠。空间内外同质性，流动与凝滞互为因果，空间本来就存在着。射线般设计、建造、使用建筑的流程，是个"对象"，建筑本应是个循环过程，我们只是用了其中的一截，历史便是一段一段的积累和学者撰写而就的。

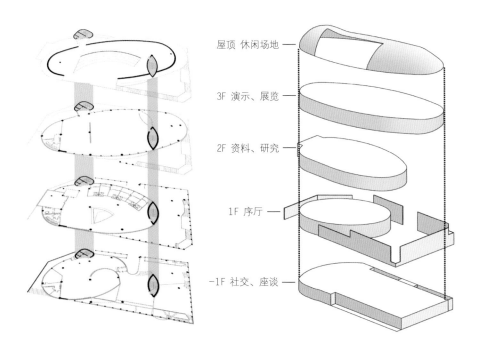

屋顶 休闲场地 —

3F 演示、展览 —

2F 资料、研究 —

1F 序厅 —

-1F 社交、座谈 —

非既定式思维

非既定的思维与设计是几十年来西域建筑设计悟出来的道理，仅有执守的工匠精神，还远远不够，应该加上灵魂深处的自觉和尊让自然空间的品质。非既定比喻建筑是土豆，种子是不规则地切了块埋在地下，没有人知道会长多大、成为什么样子，但一定是能够长大、成为自己。如此自我的充实，内在生长的需求和力量与土壤外在的压迫和束缚，土豆便有了自己的形象与天然的表皮。非既定试图给空间一个"空间"，让空间充满空气、阳光、气流、水分、冷热、雪雨以及衍生有关的无数因果，有了它们的存在便有了关乎生命和繁衍生息的话题。可靠性、连续性、非利用主义、天地的自然观、围护开放的环境观、空间多重使用的宽容、从材料、工艺、造价开始的简约，表达最原始、最本质、最朴实的"空白"，这些的全部是东庄西域建筑馆设计的本质思想与行动准则。

在中国，大多数人把这里叫作"西域"，在欧洲则将其称谓"东方"，因而它是"不东不西的建筑"。

意料之外的非既定与非建筑

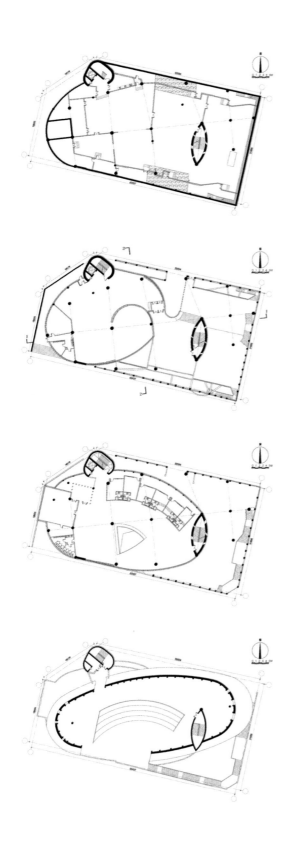

工程档案／

项目名称
东庄西域建筑馆
项目地址
中国新疆乌鲁木齐县托里乡白涧沟村23号西部生态环境研究
中心
创作时间
2014年7月-2016年7月
项目规模
7700平方米，地下一层，地上三层
创作团队
新疆玉点建筑设计研究院有限公司，刘谞、张海洋、刘尔
东、张中、张青、张健
摄影师
姚力

质真若渝
——广元千佛崖摩崖造像保护建筑试验段工程

主创设计师/
崔光海，清华大学建筑设计研究院文化遗产保护研究所副所长、国家一级注册建筑师、第十届中国建筑学会青年建筑师奖获得者。

主创设计师/
安心默，意大利注册建筑师，于2005年毕业于罗马大学。自2011年以来，他在清华大学建筑设计研究院开展设计工作，参与了四川省多个博物馆项目的设计建造过程。

主创设计师/
马智刚，清华大学工学硕士，高级工程师，国家一级注册结构工程师。

作品解读人/

瓦西利斯·斯戈泰斯（Vassilis Sgoutas），希腊著明建筑师、国际建筑师协会UIA前任主席、梁思成奖评委。

这是一个经历了千年风雨的项目。这些石窟造像与佛教有关，是需要保护的文化遗产和自然遗产。虽然规模不大，却为古老的石窟造像创造了一个良好的保护环境。这个项目的一大特色，就是瓦片的运用，瓦片作为建筑的整体表皮，保证了通风和采光。设计使用的材料和技术，最大程度上降低了施工难度和清洁需求。这个项目中瓦幕墙设计的成功让千佛崖这个体量更大的同类项目也使用了这一方法，这充分证明设计师的选择是正确的，也有效地鼓励了建筑跳出常规思路的桎梏。而我们这个行业，作为一个整体，也能从这样的设计和相关当局这样的决策中获益。

——瓦西利斯·斯戈泰斯（Vassilis Sgoutas）

千佛崖摩崖造像始于北魏时期，历经了一千多年风雨，在高45米、南北长200多米的峭壁上，布满了造像龛窟，重重叠叠13层，密如蜂房。可惜在1935年修筑川陕公路时，一半以上造像被毁。现仅存龛窟400多个及大小造像7000余躯。

本项目设计延续中国四川地区为石窟建设窟檐建筑的传统，以监测数据为基础，利用现代建筑技术提供更有利于保护的物理环境，并使其融入整体景观环境。独特的瓦幕墙创造性地解决封闭和开放之间的矛盾，从而提供巧妙的保护方案，也很好地使整个建筑融入当地文化环境和自然环境。

设计师说

设计师崔光海说："我们的设计工作主要聚焦在文化遗产地或与其密切相关的周边区域，如何处理遗址、遗产本身为设计带来的素材与制约的关系，需要我们去判断把握其中的微妙意志。在设计中，我们更加注意过程，而非结果本身，从而使建筑更加自然地从环境当中生长和凝练出来。"

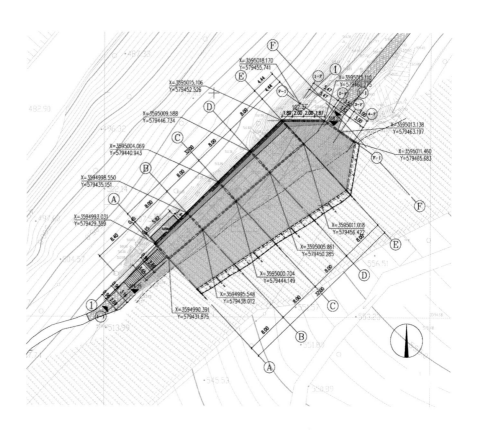

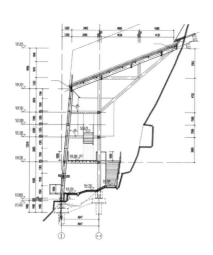

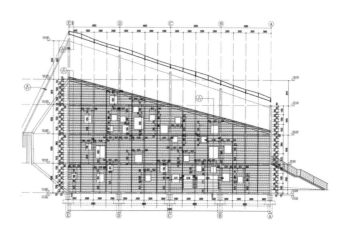

融于自然环境的保护外衣

项目场地是嘉陵江边一块完整的崖壁，从1700年前开始开凿石窟，目前形成了近700个石窟，这次试验段保护的是其中最北端的23个窟。

当地的川北民居，多为瓦屋面深色木柱，根据山形地貌随形就势分布。本项目也顺延这一特色，并运用具体的当地建筑材料，借鉴原生聚落与环境的色彩关系——深灰甚至黑、绿色的植被和棕灰色岩石。主要采用三种材料——钢、瓦、木：异型钢框架结构作为支撑系统；透空的瓦幕墙（包括墙身和屋面）作为围合系统，其中瓦幕墙系统是为了这个保护工程而特殊设计的；瓦和木材为当地传统材料。

这座建筑有效地保护了石窟，为观赏者提供了更多的角度，建筑本身也成了一处有趣的景观，吸引了很多年轻人来欣赏石窟；目前使用状态良好。

结构创造自然天成的艺术

广元千佛崖摩崖造像保护建筑试验段工程由当地文物局委托。保护设施不仅保护了崖壁中雕刻的古老佛像免受雨、风和阳光照射的损害，同时满足观众近距离观察雕像的需求。该项目的创新特点是设计了由瓦片组成的幕墙和屋顶，它既可以防止雨水、降低风速，同时还起到过滤光线和空气的作用。主立面上的窗户的位置是基于佛像的位置确定的：从河对岸看，设计寻求的效果是保持洞穴的视觉记忆。

广元千佛崖摩崖造像保护建筑试验段工程主体结构采用空间悬挑钢桁架结构，维护墙体采用通透独特的瓦幕体系，将保护建筑与文物本体及周边环境很好的融合在一起，达到技术与艺术的统一。本项目亦是建筑师与结构师协同设计的典范。

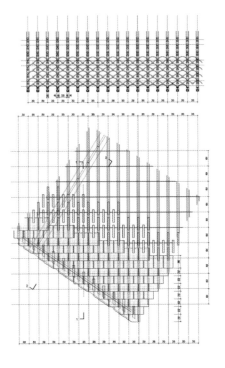

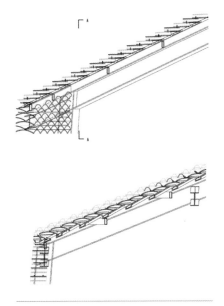

生长于崖壁

在建筑中设置了多媒体盒子，用多媒体手段同时近距离讲解石窟的价值，也为未来更先进的阐释手段预留了可能性。瓦幕墙作为建筑的整体表皮，包括墙身和屋面，以确保通透性。另外，瓦面在当地的气候环境下会生出青苔，使建筑更好地融入自然环境并具备了生长的意味。为了加强夏季自然通风而开设的洞口，模拟石窟在崖壁上的随机分布。

建筑结构生根于崖壁的平坎，靠悬臂系统形成保护棚罩，不碰触石窟所在的崖壁，最低限度干扰文物本体。流线随着崖壁平坎的分布有机布置，南北各设一个出入口，可以从南至北直接穿过试验段欣赏石窟后再下到山下，也可以参观后下到底部的架空空间欣赏石窟所在的自然环境，然后沿南侧原路返回。

设计师将千佛崖摩崖造像的文化内涵与其环境制约因素结合，融于设计思考之中，完成了一间为文化遗产设计的房子，为其罩上一件保护外衣，生长于风雨侵蚀下的崖壁。

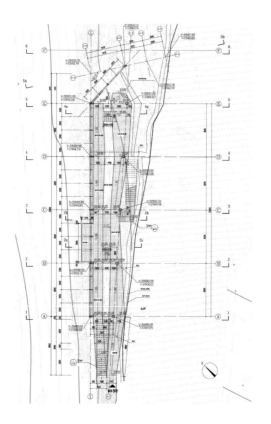

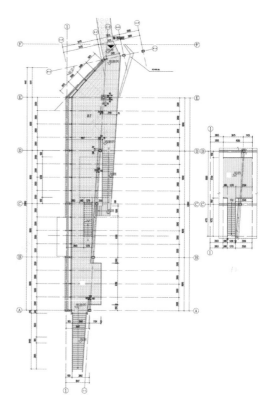

历史是建筑中盛放的故事

工程档案／

项目名称
广元千佛崖摩崖造像保护建筑试验段工程
项目地址
中国四川省广元市利州区嘉陵江东岸千佛崖风景区
创作时间
2009年-2014年
项目规模
建筑面积：410平方米；可上人部分建筑面积：388.5平方
米，其中一层面积169平方米，二层面积192平方米，局部三
层看台部分面积27.5平方米
创作团队
清华大学建筑设计研究院文化遗产保护中心，崔光海、安心
默、马智刚、李京、汪静、揭小凤

传承历史情感
——西安南门广场综合提升改造工程

主创设计师/

赵元超，1985年毕业于重庆大学获建筑学学士学位，1988年毕业于重庆大学建筑系建筑理论与创作获硕士学位。教授级高级建筑师（教授）职称、国家一级注册建筑师、中国建筑西北设计研究院总建筑师、全国工程勘察设计大师。

主创设计师/

职朴，2008年毕业于西安建筑科技大学获学士学位，2011年毕业于东南大学建筑学院建筑设计及理论获硕士学位，同年进入中国建筑西北设计院工作。2008第23届世界建筑师大会意大利都灵TOTEM国际竞赛第六名。2011年第24届世界建筑师大会日本东京筑波国际医疗中心国际建筑设计竞赛银奖。

作品解读人/

瓦西利斯·斯戈泰斯（Vassilis Sgoutas），希腊著明建筑师、国际建筑师协会UIA前任主席，梁思成奖评委。

南门城墙的改扩建是一个规模浩大的工程。设计师最大化地利用了广场地面标高之下的下沉空间。因此，覆土建筑也是本案设计的一大特色。地面表层的处理为历史悠久的街区注入新鲜的活力，绿地与铺装地面相结合，为公众和游客创造了美观又实用的公共空间。项目的特色包括下沉地下行人通道和吊桥。另外，原有的一些临时性的建筑物也进行了拆迁或翻新。设计面临的挑战是让商业空间与其他部分相融合。这并不容易。总的来说，这个项目的设计使用了现代建筑和规划的方法。毕竟，除此之外还能怎样呢？效仿古建筑和造型是行不通的。

——瓦西利斯·斯戈泰斯（Vassilis Sgoutas）

　　　　历史是建筑中盛放的故事

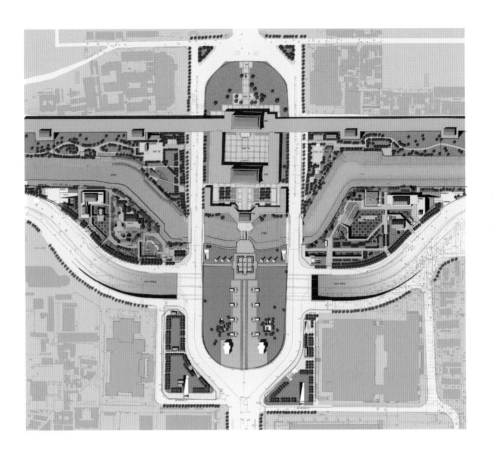

西安的城墙是中国目前保存下来的最大、最完整的古代城墙。它作为城市壁垒屹立数百年，传承着历史深厚的情感，保留着西安本土的符号，但是它并不苍老，而是带着一身传统气韵，融合在现代化的城市里。

西安南门广场综合提升项目，设计旨在提升区域环境品质、重塑古建历史风貌的前提下，补充完善景区配套设施、整合广场景观系统、完善城墙内外各交通流线。

设计师说

主创设计师赵元超说："自然优于人工、城市大于建筑，适宜胜于创新，品质高于风格。适度、适宜、此时、此地、此景、此情是我对建筑创作的基本态度。建筑师设计的是建筑，实质上是在塑造未来新的城市生活，激发城市活力的场所。创作应该源于生活，形式也应当跟随城市。"

重塑南门形象

南门外广场主要是建设地下停车场。景观设计以广场、绿化重塑城市客厅形象，并满足文艺演出活动需求。苗园、松园地块分别位于护城河南岸东、西两翼，建筑以下沉式广场的形式匍匐于场地中，以地下通道连接，地面各布置有一组庭院式建筑。建筑为坡顶灰墙，与南门城楼相协调。在城墙南侧的东、西环城公园地块各加建一处幕墙饰面的覆土建筑，使之消隐于树林。南门里地块修建南大街人行地下通道南延段，将行人从地下引入南门景区，实现人车立体分流。

以保护的方式改造设计

缝合：设计中整合了西安南门及西安城墙南线周边数千米的公共服务系统、景观系统，完善城、墙、林、河四位一体的绿地系统，营造出亲民、开阔、优美、高效的城市公共空间。增加商业、游乐、服务、交通等基础设施，妥善梳理和组织南门地区城内外各方向车行、步行、轨道交通流线，使城市空间顺畅便捷可达。

融合：设计师在改造过程中，一直秉承尊重历史文化遗产的原则，协调西安南门广场周边、城墙内外建筑风貌和谐统一，根据环境条件和城墙的特殊性，将文物资源转化为城市公共资源、旅游资源，致力于实现对现状文物资源的可持续性保护。

整合：设计在梳理整合城市地下管网系统的前提下，合理开发利用地下空间，附加诸多城市使用实用功能。设计利用地铁、环城南路下穿快速干道、护城河，一横一纵一曲占据的城市地下空间的边角料区域，新增3万平方米商业、游乐、服务设施，新增停车位700余个，新增人行地下通道4条，营造出亲民、开阔、优美、高效的城市公共空间。

历史是建筑中盛放的故事

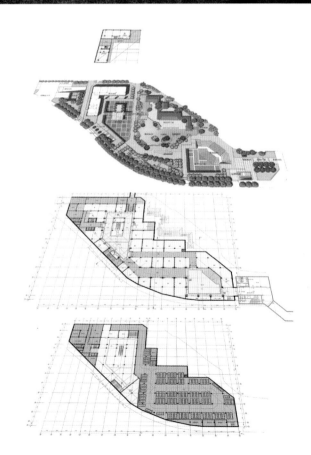

原汁原味地保护

设计师希望这个区域保持它本来的色彩，是基于传统文脉的现代化改造，所以商业区等都建在了地下，护城河经过了梳理，城墙上可以行走、办展览。设计师也自豪于能够保留西安城墙的原汁原味，甚至每一块砖的改动都经过了慎重考虑。城墙的砖拆下来后，做标号放回原地，如果坏了就用完全不一样的填进去。城墙的改造就是用这种修复文物方式完成，并进行加固，为其赋予新的功能与意义，在世间永久留存下去。

西安的城墙现在是全国保护最好的古城墙，建于明清时期。设计师在西安南城门改扩建项目设计中，一直带有一份真诚的敬意。北京城的城墙已经化作尘土再也不见，而西安人却始终保留着这一份历史情感的依靠。

苗圃东南向楼

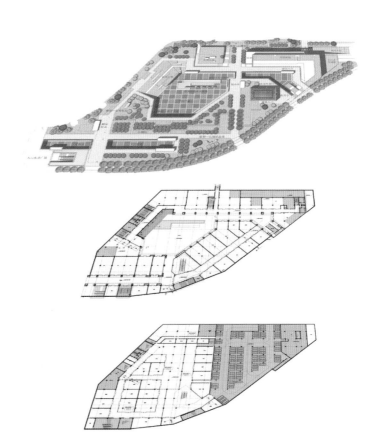

历史是建筑中盛放的故事

工程档案 /

项目名称

西安南门广场综合提升改造工程

项目地址

陕西省西安市南门

创作时间

2011年2月-2014年9月

项目规模

6.92万平方米

绿化率

55.2%

创作团队

中国建筑西北设计研究院

建筑

赵元超、职朴、王东、惠倩楠

结构机电

韦孙印、张军、杨美丽、王军旗、张涛、卢骥、盛嘉宾、靳娜、陈磊

景观设计

赵元超、胡洁、职朴、潘芙蓉、蒋超、潘婧

见证之地

—— 侵华日军第731部队罪证陈列馆

主创设计师 /
何镜堂，建筑学家，中国工程院院士。现任华南理工大学建筑学院名誉院长、建筑设计研究院院长，教授，博士生导师，总建筑师。

主创设计师 /
倪阳，华南理工大学建筑设计研究院副院长、副总建筑师，中国工程勘察设计大师。

主创设计师 /
何炽立，华南理工大学建筑设计研究院建筑师，硕士、在职博士研究生。

主创设计师 /
何小欣，华南理工大学建筑设计研究院建筑师，博士，一级注册建筑师。

主创设计师 /
刘涛，华南理工大学建筑设计研究院建筑师，硕士。

作品解读人 /

丹尼尔·李博斯金（Daniel Libeskind），李博斯金工作室主持建筑师（Studio Libeskind）。

不论是何种类型的博物馆，当我们走进去的时候，我们无可避免地要面对一段记忆。侵华日军第731部队罪证陈列馆仿佛是一件手工艺品，正如建筑师何镜堂先生所说，是一个「黑匣子」，发现于战后，揭示了二战中日军731部队犯下的罪行。建筑外观颇显与世独立，而从用地中穿行而过的铁轨以及参观的游客又让博物馆充满生机。在这个斜插于地面之上的简单的盒子结构中，保存了战争罪行的宝贵资料，让后人铭记，以史为鉴，走向未来。博物馆自此获得了一种全新的意义，不再是简单的设计而已。

——丹尼尔·李博斯金（Daniel Libeskind）

侵华日军第731部队罪证陈列馆是一场人类悲剧的纪念馆。罪证陈列馆位于731部队原址。战争结束时，这里曾遭到轰炸，摧毁了大部分建筑，形成了现在这片遗迹的格局。

在这个项目中，何镜堂先生和他的团队面临三个主要问题：用地设计、731部队陈列馆设计以及如何处理陈列馆与城市之间的关系。陈列馆位于日军本部大楼遗址东南。为减低陈列馆的高度和存在感，设计将主楼沉入地下，入口在地面标高以下，不引人注意，这样，广场就变成民众的纪念场所。这不是何镜堂及其团队的第一个陈列馆或纪念馆类项目。在他们设计的其他此类项目中，我想特别提到南京大屠杀纪念馆——用以纪念在二战中死于日军大屠杀的30万民众，正如其设计者所说，『与场所及周边城市形成一个新的整体氛围，试图用一种平静的态度表达对这段反人类历史的反思。』它无疑是现代建筑的又一杰作。

731部队罪证陈列馆，正如其设计者所说，『与场所及周边城市形成一个新的整体氛围，试图用一种平静的态度表达对这段反人类历史的反思。』它无疑是现代建筑的又一杰作。

这座纪念馆是现代建筑设计的杰出代表。

——马里诺·福林（Marino Folin）

作品解读人／ *Marino Folin*

马里诺·福林（Marino Folin），威尼斯建筑大学前校长，雅伦格文化艺术基金会主席。

侵华日军第731部队是日本军国主义最高统治者下令组建的细菌战秘密部队，是人类历史上最大规模、最灭绝人性的细菌战研究中心。他们利用健康活人进行细菌和毒气等实验，与奥斯维辛集中营和南京大屠杀同样骇人听闻。

731部队遗址所在的这片场地，不仅因为作为历史事件的发生地而具有特殊性，周边建筑遗址的残壁断瓦、砂石地的寂静苍茫、铁轨的无边延伸、榆树的高大萧瑟……在我们还来不及判断和谐与不和谐之前，这些具体之物的组合已经构成了一种特有的场地气质。

设计师说

何镜堂工作室的设计是叙事性的，做这类纪念馆的思路就像写文章，要有开端，有高潮，有结尾。现代设计融合中国式神韵的建筑形式，让人经过精神的转化之后，得到更加深沉的历史与爱国情怀感受。

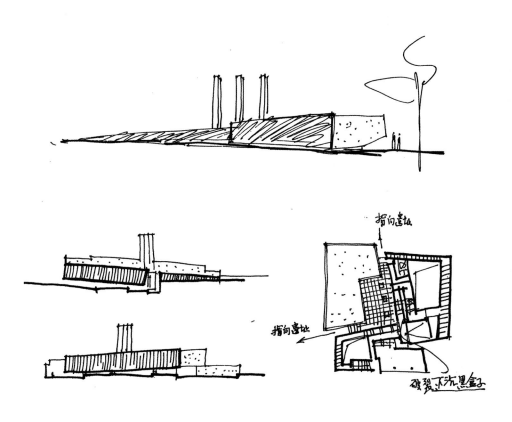

记载真相的容器

"黑匣子"是建筑师赋予这个建筑的概念。"黑匣子"象征了记载真相的容器，暗喻了打开"黑匣子"，事件的真相便暴露于天下。

"黑匣子"在场地中坍塌、下陷、撕裂，仿佛大地被锋利的手术刀切割开来，形成永不磨灭的"伤痕"。在完成一系列简单动作之后，建筑内外形成了联系和对话的空间，与此同时，建筑作为一个客观的容器，也为人们对事件的认知和解读，以及对于建筑寓意的联想做出了留白。

为消解新建建筑体量对场地的压抑，建筑师把主要展示空间沉入地下，"碎裂"的"黑匣子"倾侧于塌陷的场地之上，黑灰色的屋面成为广场地面的延伸。"倾侧"的本身体现在设计的尺度上，同时也表达了一种设计的态度。从本部办公楼前的广场向东边望去，陈列馆仿佛只是地形上的些微起伏，虽然是人造的几何体，却又像是自然形成的大地景观。裂缝的存在让"黑匣子"在整体中带有微小的变化，包括形体、色彩和材质，这些细节为建筑在环境中的消隐提供了支持。

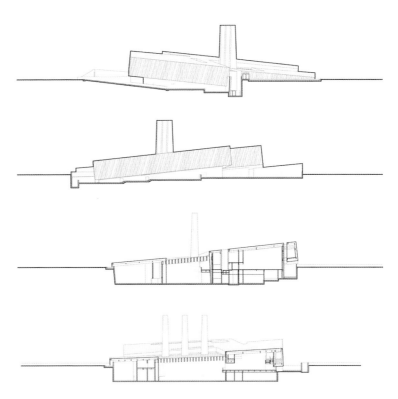

　　历史是建筑中盛放的故事

对场地与环境的思考

侵华日军第731部队始建于1933年，他们犯下了细菌战、人体实验等战争罪行。1945年8月，日本投降前夕，731部队败逃之际炸毁了大部分建筑，形成了现在遗址的整体格局。

731部队基地当时建在一座机场的旁边，周围是很空旷的土地，而现在周边已经成为很热闹的城市区域中心，这就决定了场地跟周边环境的关系：既要"合"又要"脱"。

空间的联系与营造

在建设基地内，只有现在建筑所处的位置上是没有遗址的，也就是说在这里建设，不会产生任何破坏，而且与原入口广场及司令部形成良好的对位关系。而且，这块空地恰好又在路边，这样陈列馆不仅适合单独参观，又可以和遗址组合在一起成为整体参观序列的一部分。

在总体设计中，首先恢复了原有的路网框架，之后，用混凝土和夯土替换了原来用土坯和铁丝网组成的围墙。除遗址的部分外，采用了灰色调子的碎石铺地，从而很清晰地界定了遗址和周边场地的关系。

最后，设计团队还在场地东边设计了一个街边公园，加之沿街部分的围墙，使外界嘈杂的部分得以过滤。入口空间为屏蔽外部干扰而设计的下沉广场，希望借此营造一个相对安静的物理空间，希望来访者的心境能够稍作收敛。

历史是建筑中盛放的故事

材料与空间表达

大量选用黑色花岗岩，它们的黑色调有助于呈现庄严感与建筑的沉稳性格。花岗岩和周围朴素空旷的景观风格相适应，建立感观比较强烈的建筑形态。黑色的石材一半埋在土里，一半翘起来，形成一个很狭窄的、有压迫感的空间。

展馆内部也以黑色基调为主，室内灯光较暗，展品部分做了集中的照明，能够有效将参观者的注意力集中到展品上。通过空间开合与光线指引，引导人们时而停留，时而走动，无形中呈现一种庄严的仪式感。

"黑匣子"设计概念的挖掘

"黑匣子"的概念实际上源于对731部队的事件进行了一个挖掘。东京大审判的时候，731部队的罪行没有被揭露出来，之后才慢慢被人们发现。这个过程相当于飞机失事之后，找出黑匣子去还原失事的过程。所以当时设计师就希望用"黑匣子"的概念作为一个容器，让这里尘封的事情慢慢展现在人们面前，把日本军国主义反人类的罪行揭露出来。

建筑造型简约而又具力量感，设计想表达的东西并不是愤怒的心态，而是希望站在人类文明的立场上去看待整个事件。

历史是建筑中盛放的故事

回望施工过程

时间对本案来说是最大的难题。2014年9月份开工，第二年8月份（2015年8月15日是抗战胜利暨世界反法西斯战争胜利70周年纪念日）要求开馆，中间又有4个月的冬季是不能施工的。再加上还要预留三个月给展陈。在整个项目建造过程中，设计团队在时间的调配上下了很大的功夫，每个时间节点都要卡着走，因此采用了钢结构，可以一边加工，一边安装。

地下室赶在11月冬季之前提前完成了施工。到了冬天，施工单位还搭了一个内部送暖的大棚，保证冬季施工进度，这是很少见的。所以，在这个项目中，施工方法和时间节点的配合是非常重要的。同时，设计师团队也要用经验去补救一些在设计时间上不足的问题，因为各工种的配合特别细致，整个施工进度才能顺利完成。

工程档案／

项目名称

侵华日军第731部队罪证陈列馆

建设地点

黑龙江哈尔滨市平房区

设计时间

2014年3月 −2015年3月

建设单位

侵华日军第731部队罪证陈列馆

设计单位

华南理工大学建筑设计研究院

设计团队

何镜堂、倪阳、何炽立、何小欣、刘涛、罗梦豪、骆婉君、卢志伟、苏皓、晏忠、伍朝晖、王明洁、朱元正、陈梦君

建筑面积

9997平方米

摄 影 师

姚力

后·2009

——天宁寺第二热电厂一期改造项目

主创设计师/
邵韦平，北京市建筑设计研究院有限公司执行总建筑师，UFO建筑工作室主任。中国建筑学会建筑师分会理事长、北京市土木建筑学会理事长。

主创设计师/
刘宇光，北京市建筑设计研究院有限公司UFO建筑工作室副主任，兼公司副总建筑师。高级建筑师，国家一级注册建筑师。担任中国建筑学会建筑师分会理事、中国建筑学会建筑师分会数字专业委员会委员、北京市规划学会理事。

主创设计师/
李家琪，北京市建筑设计研究院有限公司方案创作工作室，建筑师。

这是天宁寺旁边一家工厂的翻新。设计团队深入了解了工厂的建筑结构和周围的城区环境。建筑下半部分使用砖材，跟地面衔接感良好。上半部分使用更为现代、清新的轻型材料，如铝材和玻璃，使人感觉更轻盈。新与旧的结合形成一种新的效果，赋予整片建筑群统一的形象。

我认为这个项目方向感的设计非常重要，因为建筑的入口设置在不同的位置。原有的烟囱和起重机结构成为指引方向的关键元素。建筑之间体量和距离的变化让建筑群以一种趣味性的方式结合在一起。

——约阿希姆·福斯特（Joachim H. Faust）/德国 HPP建筑事务所（HPP Architekten）

作品解读人/

约阿希姆·福斯特（Joachim H. Faust），建筑工程硕士/注册建筑师、HPP集团公司总裁、HPP国际公司董事，是德国唯一一位连续三次陪同总理默克尔访华的建筑师。

随着时代发展，人类会产生新的世界认知，对物理空间也会产生新的诉求。当建筑本身已经无法适应城市现代化发展以及新时代需求时，我们便想着要做些什么……

华电天宁寺厂区又名第二热电厂，自1976年起承担中南海等中心城区的供热任务。2009年机组关停，热电厂面临融入现代化城市和适应新时代需求两大问题。厂区西侧北侧为城市道路，街区内部道路系统封闭，街区风貌和通达性较差。东侧虽紧邻古刹天宁寺，

地区建筑整合也不甚和谐。基于融入现代化城市和适应新时代发展的需求，对北京天宁寺热电厂进行改造。

一期改造建筑为主厂房东侧南至北的建筑群落，建筑原功能涵盖了办公、宿舍、浴室、食堂、工业用房、大型库房、生产车间等多种类型。设计关注重整厂区内部空间，梳理多种尺度以及各类建筑关系的作用，并重塑厂区与天宁寺及现代城市关联性。

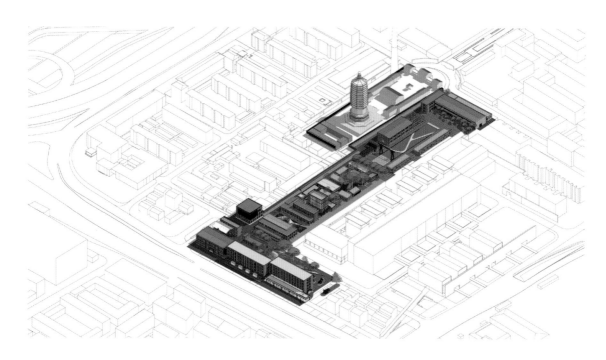

设计师说

城市承载着建筑和人的生活，建筑师要应对城市问题，需要了解建筑所处城市历史，尊重城市发展规律，用科学精神和当代审美塑造城市的未来。好的创意须基于对所处环境的研究和发掘，找到体现地域文化和场所个性的合理方案。

——主创设计师：邵韦平

设计不只关注建筑的物质空间化，还从更高层次关注人的心理体验。在使用者所有可达到、可触及、可观察的范围内，创造出周到、精确的建筑细节，满足人对现代生活品质和审美的需求。

——主创设计师：刘宇光

延续场地记忆

北京天宁寺热电厂改造设计以延续场所记忆、协调厂区与周边关系为出发点，力图修旧如旧，渐进式发展，为远期建设提供基础。厂区周边地域复杂，街道不通畅，信息不连贯。但是城市因古刹天宁寺的存在本身具有独特的历史特点和文化环境。城市建设需要根据特有文化，原有建筑同新型城市特点结合起来，使改造既延续场地记忆，又同周边建筑和谐统一。

增强地区活性

道路顺通对于增强地区活性起着意义非凡的作用。在城市设计层面，整治临街界面，在城市客厅和街区边界的命题下确定开放性平衡点，并为厂区疏通了内部道路，增强场地通达与街区活性。

完善城市风貌

项目尊重原有建筑布局、形态并以传统材料及工艺（砖、水磨石、干粘石）为主体，附以少量新建筑材料（泡沫铝板、火山岩、氟碳钢板、玻璃幕墙）作为功能补充和形式逻辑的平衡点。

室外场地及景观，通过铺装类型（透水铺装、预制混凝土板、碎石）、植物选配、微地形处理，塑造与初始空间相近，质感微差的场所。避免盲目增量和面目全非，并协调尺度巨大的主厂房和古韵浓厚的天宁寺。设计保留了场地原有的部分构筑物和设备，并结合设备设置景观小品、雕塑装置等。

天宁寺第二热电厂一期改造项目迎合地区特点以及现代化城市需求，增强了地区可观赏性，城市风貌也因此而得到完善。建造美好城市，提升生活品位。天宁寺第二热电厂一期改造项目为旧区改造提供了范例，具有示范性作用。

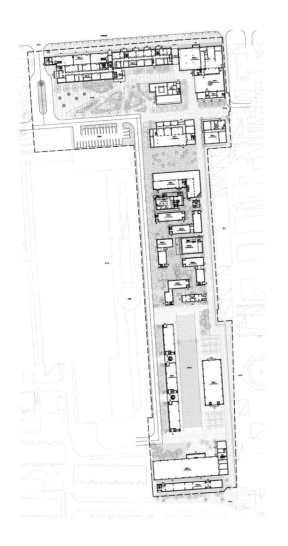 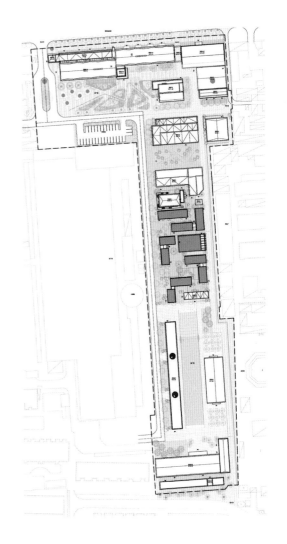

工程档案／

项目名称

天宁寺第二热电厂一期改造项目

建设地点

北京市西城区莲花池东路16号

创作时间

2014年5月-2016年1月

总用地面积

3.22万平方米

总建筑面积

2.07万平方米，其中地上建筑面积1.89万平方米，地下建筑面积1792平方米

容积率

0.586

绿化率

38.9%

创作团队

北京院方案创作工作室，邵韦平、刘宇光、李家琪

从高炉供料区到奥运办公园
—— 首钢西十冬奥广场

主创设计师/

薄宏涛，杭州中联筑境建筑设计有限公司董事总建筑师，中国一级注册建筑师，教授级高级建筑师，中国建筑学会第九届青年建筑师奖获得者，中国建筑学会建筑理论与创作学组委员，中国建筑学会资深会员，上海市建筑学会建筑创作学术部委员，东南大学建筑学院企业工作站硕士生导师，重庆大学建筑城规学院专业实习企业导师。

作品解读人/

瓦西利斯·斯戈泰斯（Vassilis Sgoutas），希腊著明建筑师、国际建筑师协会UIA前任主席、梁思成奖评委。

在这个项目中各个建筑物有着不同的功能。细节的设计也遵循了整体项目的基本理念。多样化的形态和材料融合在一起。遗址保护是世界上很多国家都关注的课题，但是我个人认为，除了少数的一些真正杰出的设计应该保持原样外，其余的保护是没有价值的。老建筑，新用途。我们尽可能地保护，然后赋予其新的功能。在这个设计中，新与旧壁垒分明，哪里是旧有的，哪里是新建的，一目了然。新增的元素有金属桥梁和中型体量的新建筑。设计师用大胆的设计直面挑战。我们必须时刻牢记，保留老建筑的城市和我们的生活有着迫切的需求，保留老建筑作为遗迹来展示只是众多要求中的一部分。

——瓦西利斯·斯戈泰斯（Vassilis Sgoutas）

2016年3月，北京市政府确定2022年冬奥会办公园区选址落户首钢，首钢西十冬奥广场由此诞生。将老工业区改造为冬奥办公园区，不仅是改变这块土地的贫瘠、萧瑟的现状，也是希望这些工业遗迹能够凤凰涅槃，为非首都核心功能外迁后工业转型带来的社会问题寻找出路。

冬奥广场选址位于首钢旧厂址的西北角，地处阜石路以南、北辛安路以西。基地南侧的秀池和西侧的石景山山体，为项目带来了绝佳的山水自然环境。项目利用了原有一号和三号高炉附属的转运站、料仓筒仓和泵站等十个工业遗存，改造为集办公、会议、展示和配套于一体的综合园区，总建筑规模约为8.7万平方米。

设计师说

冬奥广场由青年建筑师薄宏涛设计，这次的项目改造是典型的"旧瓶装新酒"，设计师希望通过"忠实的保留"和"谨慎地加建"将工业遗存变成崭新的办公园区，赋予建筑第二次生命。

尊重工业遗存

要想保留原有遗存的混凝土和钢框架，就必须不破坏其自身的结构强度。设计把原有结构空间作为主要功能空间使用，而把楼内电梯间外置，这样既不打穿原有楼板，又通过加建补强了原结构刚度。由此，建筑造型忠实呈现出了"保留"和"加建"的不同状态，表达了对既有工业建筑的尊重。

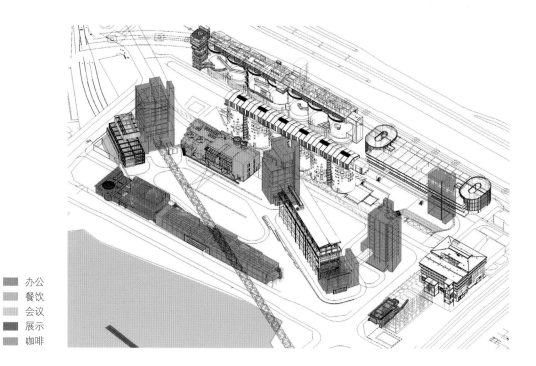

办公
餐饮
会议
展示
咖啡

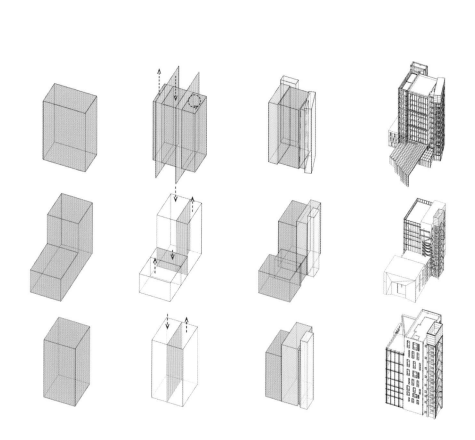

对话自然景观

基地西侧石景山和南侧秀池水体为项目在拥有强烈工业感的同时，设计在150米长的原有联合泵站构筑物改造中，打破"封闭大墙"，植入开放式景观廊道、主入口通廊和公共空间，让园区内外景观能积极对话。基地内15棵被定点保留的大树，也成为了石景山景区向园区内部绿色渗透的最佳绿色"桥梁"。

演绎动态空间

设计师为园区设置了一条穿行于建筑之间和屋面的室外楼梯+栈桥的步行系统，这为整个建筑群在保持工业遗存原真性的同时叠加了园林化特质。整组建筑就是一个立体的工业园林，步移景异间，传递出一种中国特有的空间动态阅读方式。

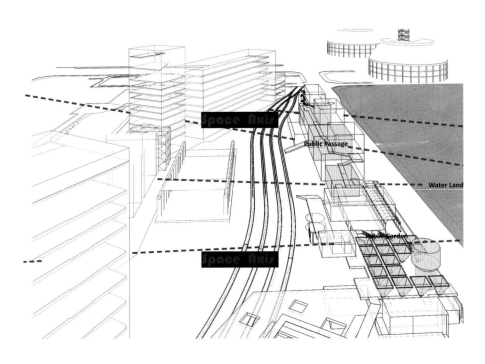

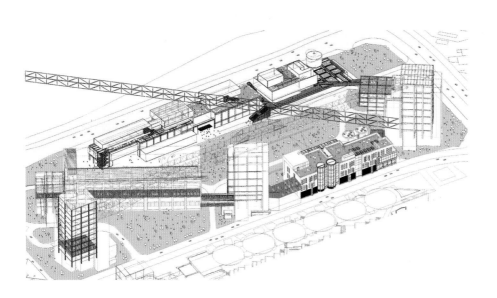

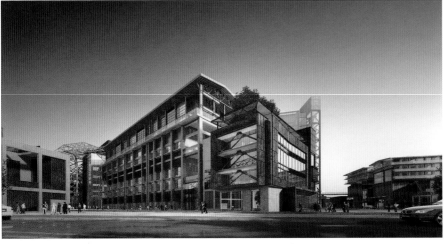

　　历史是建筑中盛放的故事

院落尺度的建构

园区内原有料仓、转运站和货运传送带通廊等工业遗存都是完全依据生产的工艺流程而布局的，缺少城市空间的起码秩序感，巨型工业尺度也让人缺乏亲近和安全感。设计在几十乃至上百米的工业尺度和精巧的人体工程学尺度之间植入了一到两层的中尺度新建筑，从而尽量弥合了原有大与小尺度的差异。仔细保留下来的区域西侧的锅炉房小水塔等一系列和人性尺度相关的小尺度建筑也为园区塑造细腻丰富的尺度关系画上了重彩的一笔。

人性空间的回归

通过上述一系列插建和加建的建筑，原有基地内散落的工业构筑物被细腻地缝合了起来，工艺导向下建立布局被巧妙转化为一个景色宜人、充满活力的不规则五边形院落。

"大院"是老北京最充满人情味的一种居住和工作的空间模式，设计正是希望以"院"的形式语言回归东方最本真的关于"聚"的生活态度。这样的院落气质是摆脱了工业的喧嚣之后的宁静和祥和，体现了后工业时代对人性的尊重，也是顶级花园式办公所必须的特质。

冬奥广场对工业遗址复兴的意义

冬奥办公园区是首钢北区落地实施的第一个项目，也是北京市政府支持首钢转型积极导入的核心功能。它是首钢北区乃至整体园区功能定位落地的核心锚固点和撬动点。织补、链接和缝合的设计手法，重新以人作为本体梳理了建、构筑物的空间尺度关系。设计中尽力保留工业遗存的态度，为尊重历史、发掘工业遗存价值，奠定了一个良性的基调。

工程档案 /

项目名称
首钢西十冬奥广场
建设地点
北京石景山首钢厂区北区
创作时间
2016年3月－2016年10月
建成时间
2017年8月
项目规模
8.7万平方米
项目业主
北京首钢建设投资有限公司
业主设计管理团队
王世忠、刘桦、金洪利、王达明、白宁、段若非

设计单位
筑境设计、首钢筑境、首钢国际工程公司
方案
薄宏涛、蒋珂、朱江、张洋、王增、范丹丹、
辛灵、俞鹏伟、张泳强
施工图设计
建筑：薄宏涛、赵嘉康、朱江、张洋、高巍、
张志聪、陈玮楠、邢紫旭、朱雪云、范丹丹、
蒙治银、张泳强；结构机电:侯俊达、袁文兵、
陈罡、李慧、袁霓绯、张悦、王洪兴、林莉、
王静、宋鹏宇、于立峰（冬奥广场料仓和南六
筒仓办公楼分别由华清安地、英国思锐和比利
时戈建筑设计，倒班宿舍及能源楼由中国建筑
设计研究院李兴钢工作室设计）

一块铁矿石引发的生命循环
——首钢博物馆更新设计

主创设计师 /

薄宏涛，杭州中联筑境建筑设计有限公司董事总建筑师，中国一级注册建筑师，教授级高级建筑师，中国建筑学会第九届青年建筑师奖获得者，中国建筑学会建筑理论与创作学组委员，中国建筑学会资深会员，上海市建筑学会建筑创作学术部委员，东南大学建筑学院企业工作站硕士生导师，重庆大学建筑城规学院专业实习企业导师。

作品解读人 /

约阿希姆·福斯特（Joachim H. Faust），建筑工程硕士/注册建筑师、HPP 集团公司总裁、HPP 国际公司董事，是德国唯一一位连续三次陪同总理默克尔访华的建筑师。

首钢博物馆的设计改造充分尊重原建筑的高炉结构。因此，扩建的部分以及进出口和通道并未影响到原建筑结构。

原建筑属于工业用地，结构宏伟壮观，已经退出了城市的舞台。设计为整个建筑增加了透明树脂材料的表面覆层，仿佛要将历史冻结，将饱经时光洗礼的建筑结构呈现出来。设计团队表现出他们对历史遗产的理解，赋予曾经辉煌的工业建筑新的空间诠释。

——约阿希姆·福斯特（Joachim H. Faust）/德国HPP建筑事务所（HPP Architekten）

一块石头引发的故事

民国初年，北京街头，一个矿冶工程师意外遇到了一个卖红色赭石染料的农民，顺藤摸瓜在石景山东面的荒地上发现了富铁矿，由此，首钢的前身"龙烟钢铁厂"诞生。直到1949年新中国成立，首钢作为自主研发工业振兴的一面重要旗帜，书写了全新的中国钢铁史。

首钢遗留的工业记忆

"从天安门城楼子上望下去，长安街上都是烟囱"，这是一句关于现代化标准的经典语录，长安街的最西端，距离天安门19千米的首钢，正是这种对民族工业现代化期待的结晶。首钢作为北京市财政收入的贡献大户，一直是首都经济保驾护航的重要护法之一。从2008年奥运周期启动减产到2011年全部停产。首钢响应疏解非首都核心功能号召，整体搬迁。8.7平方千米的偌大厂区失去了曾经的热火朝天，在岁月静好间，沉默不语。时间用斑斑锈迹记录了这静谧中的光阴流转。

首钢明星三号高炉

2016年的老首钢园区，大量历史人文均积淀深厚的工业遗产，正跃跃欲试，希望以完全不同的方式续写自己的价值。这期间，三号高炉则是代表。

首钢生产的冶炼体系中，三号高炉是最典型的一条生产线，它遗留的建筑和构筑群，是中国钢铁自主创新的工业技术价值的珍贵写照。作为众多国家元首到首钢视察的必到之地，三号高炉理所应当地成为了原首钢的明星高炉。在首钢大面积城市更新的进程中，首钢博物馆更是当仁不让地由改造的三号高炉承担。

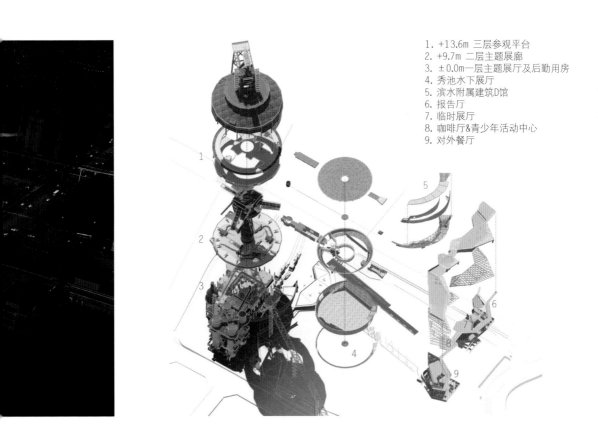

1. +13.6m 三层参观平台
2. +9.7m 二层主题展廊
3. ±0.0m一层主题展厅及后勤用房
4. 秀池水下展厅
5. 滨水附属建筑D馆
6. 报告厅
7. 临时展厅
8. 咖啡厅&青少年活动中心
9. 对外餐厅

设计师说

设计师薄宏涛说：三号高炉是国内第一个高炉博物馆，是过剩产能转型的必然产物。拆还是留是个问题，如何保留更是问题，这是设计需要面对的核心问题。对比国际上同类项目情况，有的是静态保护，基本不赋予新功能。有的则是彻底变旧为新加以利用，但改得面目全非、历史感全无。首钢的三号高炉改造中，我们希望通过涂装工艺的研究尽量忠实地封存"旧"，表达对历史的尊重。对于一些影响空间效果的建筑谨慎地"拆"，打开工业和自然对话的通廊。

适度增加的"新"，是塑造一根独具魅力的动线引领观者游走于自然景致和工业遗存之间，完成了心底对于基地的虔诚解读。

"封存旧""拆除余""织补新"这三者的并存体现了一种积极的历史观，即历史是一个动态的发展过程。不泥古不伪装，让时间自由地去铭刻、去纪念。这透露出一种当下的、也是历史的辩证关系，也是中国工业留给人们的独特印象。毕竟那段时光对国人来说，并不遥远，甚至我们自身，依然身处在这个时光的历史片段中。

工业与自然的对立统一

三高炉的基地呈现出一种强烈对比下的对偶关系：极度自然和极度人工。

一方面，西侧的石景山山麓和秀池水面加上环湖的垂柳摇曳，让你恍若置身景区般怡情；另一方面，107米高、80米直径的巨大高炉钢铁巨构群体又强烈冲击着眼廓，以带有窒息感的压迫力量把你拖回大工业环境。

建筑体型的凹和凸，边界的直线与曲折，动线的通达与迂回，视线的收与放。设计正是沿用"对偶"的思路对基地和建筑进行缝合和对话。

首先处理"水"的问题。秀池，作为储存高炉废水的晾水池是炼铁工艺构筑的重要组成部分，但是近20万立方米的容积在停产后的补水成了巨大的困难。设计在原有平均4.5米深度的水体空间内植入了3.6米层高的地下停车库，使得整个池体用水量削减为原需求的15%左右，极大缓解了补水的困难。同时，池内增建的圆形水下展厅以等同于二号高炉的60米直径的尺度回应三号高炉80米直径的关系，呈现了两次正负拓扑、一阴一阳的"对偶"。

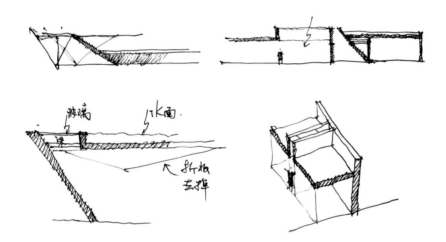

其次调整"打开"的问题。原主控室拆除后，设计以微地形的方式新建了一层高的三个折尺形副馆，表达矿床丘陵意向。绿坡覆盖下的三馆抽取了博物馆中最容易对外出租和共享使用的功能（报告厅、临时展厅、餐厅和咖啡厅）外置，使它们能服务周边更大的园区人群。活泼的小尺度滨水地景建筑，缝合了秀池和高炉的边界，也成为西侧远眺高炉的视觉前景，呈现了新建筑谦恭的"低"与保留高炉宏伟的"大"之间的"对偶"。

最后是组织一条充满活力的动线。面对如此复杂的工业和自然遗存，一条有序线索的串接是必须做到的。每一个到访者先经过高炉南广场西转，由保留的秀池柳堤进入湖面纵深，顺清水混凝土的首钢功勋墙拾级而下没入水池中，在水下展厅圆形静水院回望高炉。沿首钢之火指引穿过水下廊道再绕功勋柱回到高炉内部。游人在极具复杂性的幽暗的高炉内部依次看到9.7米出铁场平台、13.6米参观平台、32米检修平台，眼前豁然开朗而穿出40米罩棚平台，一览山湖美景。由此继续攀爬，从一号炉直到72米平台，炉喉、炉头、进料口，随着标高的不断攀升，步移景异间，一览整个高炉炼铁的全部工艺流程，也让博物馆通过工艺式的动态呈现，让人在工业和自然的对话中，铭记曾经的岁月荣光，登高远眺寄望未来。

存量时代的中国，正经历着快速的城市更新的转型，中国城市工业遗产的保护实践也正经历着从大拆大建到保护利用的急转向。首钢博物馆的更新设计，将首钢的生产资料、技术、精神等融为一体，尊重工业历史、赋予时代解读、唤醒往昔记忆，营造出一个极佳的工业遗迹体验场，成为中国城市工业文化更新再利用的典范。

　　　历史是建筑中盛放的故事

工程档案 /

项目名称
首钢博物馆更新设计
建设地点
北京石景山首钢厂区
设计时间
2016年10月–2017年4月
建成时间
拟于2018年12月竣工
总建筑面积
5.48万平方米，其中高炉博物馆部分1.68万平方
米，秀池改造车库部分3.8万平方米
项目业主
北京首钢建设投资有限公司

设计单位
筑境设计、首钢筑境、首钢国际工程公司
业主设计管理团队
王世忠、刘桦、金洪利、胥延、董泉溪
方案（筑境设计）
薄宏涛、刘鹏飞、张洋、高巍、范丹丹、康
琪、周明旭
施工图设计团队
建筑（筑境设计）：薄宏涛、赵嘉康、张洋、高
巍、朱雪云、康琪、陈玮楠、周明旭、赵蒙蒙、
倪子禹；结构机电（首钢国际工程公司）：侯俊
达、袁文兵、陈罡、宁志刚、殷永刚、吉永平、
张秀震、陈喜雷、李洪飞、于立峰

艺术之上的"文化航母"
—— 东北亚艺术馆群

主创设计师 /
梅洪元，全国工程勘察设计大师，中国寒地建筑工程设计领域学术带头人、寒地建筑国际协作研究协会（ICCHA）主席、中国建筑学会寒地建筑学术委员会主任。

作品解读人 /

帕特里克·舒马赫（Patrik Schumacher），扎哈·哈迪德建筑事务所负责人，英国皇家建筑师学会会员，哈佛大学设计研究院建筑学John Portman主席。

东北亚艺术馆群的设计目标很明确。设计与景观环境以及当下的城市脉络完美融合。主体建筑表演艺术中心的设计优雅而轻盈。功能区的布局既高效，又符合常规。我们应该关注建筑的使用功能，但是同时，也要重视其视觉功能。雪域冰原的设计主题表现得美轮美奂，令人神往。整体设计引人瞩目，但是似乎还可以增加一些流动性。六个组成部分沿用相同的设计语言，赋予龙嘉国际机场地区新的特色。

—— 帕特里克·舒马赫（Patrik Schumacher）

这是一次现代化的艺术创作，设计师在此过程中摸索着现代主义和中国文化碰撞的结果。历史在设计中沉淀，形成一种相系的节奏，传递着文化与建筑的时代内容。同时，设计师思考未来不同人群在此地的来往，设想了功能变化的诸多可能性，成就了一种动态的设计。

东北亚艺术馆群建设用地位于长春空港经济开发区内，临近龙嘉国际机场，是吉林省对接国际的重要窗口。基地位于龙泽湖南岸，遥望北岸会展中心、会议中心及城市规划展馆，该项目的建成对于环绕龙泽湖东北亚政治、经济、金融、商贸、文化"CBD"的形成具有重要的触媒作用。

设计师说

主创设计师梅洪元教授喜欢设计白色的建筑，与东北地区的冰雪世界相得益彰。白色建筑经过空间的组合，它的凹凸、拉伸、旋转、扭动，在白天夜晚的交替中，变幻着丰富的阴影。他注重建筑落地的稳定性与安全性，使东北亚艺术馆群在此基础上具有更加自由的艺术性。

方案设计提出"雪域旗舰、文化航母"的设计理念，将东北亚艺术馆群定位为多民族融合的国际性现代化文化领航集群。

规划结构

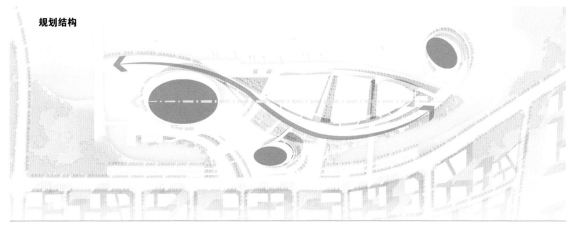

以场地东西轴线组织建筑群体，围绕景观带进行建筑布局

 规划轴线　 规划节点　 景观轴线

空间要素

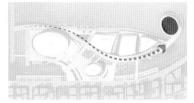

场地东侧突出水面形成形象节点

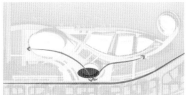

场地入口处，与道路结合，形成面向城市的空间节点

场地中部形成广场，形成面向水系的空间节点

规划布局：保证空间协调性

项目通过最基本的地域属性，应用现代技术对建筑艺术进行重新诠释，实现对现实与未来的地域性特征的重新判断。

规划布局以增加水岸长度、合理利用土地为出发点，对现有基地形态进行再设计，在保障基地面积37公顷不变的前提下，抽象出"航母"的形态轮廓，通过水域内凹形成了"停泊口""文化航母"及"水上浮岛"三大用地片区，停泊于长春空港的"文化航母"在提升方案设计文化内涵的同时，为空港提供了特征鲜明的鸟瞰形态，提升文化片区的识别性，并整合东北亚艺术馆群为保障环龙泽湖建筑群的协调性。

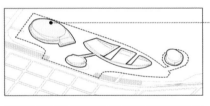

东北亚演艺中心
表演场馆
娱乐中心
音乐剧场

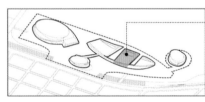

**长春新区
图书档案馆**
图书馆
档案馆

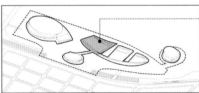

青少年活动中心
演艺区
体育区
科普区
教育培训区

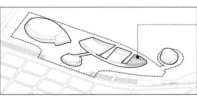

**东北亚民俗
博物馆**
展示区
藏品库
服务区

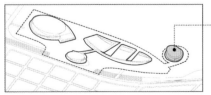

东北亚艺术中心
艺术展览区
公共服务区

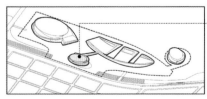

公共服务综合体
配套商业区
后勤管理区

馆群建筑形态

将体量最大的东北亚演艺中心布置于基地西端，具有雕塑感的艺术中心布置于基地东端，与现有湖北会展中心、会议中心互为犄角，形成控制湖面的地标。利用"停泊口"设置东北亚艺术馆群的商业服务中心及入口广场，形成面向城市主要道路的群落区域地标。将具有通用群众文化属性的青少年活动中心、长春新区图书档案馆及东北亚民俗博物馆集中布置于基地中部，利用曲线带状连廊连接三个独立而相似规整的体量，提供冬季舒适的室内连廊的同时，构建了基地中部的节奏感，并形成"船头"的形态意向。

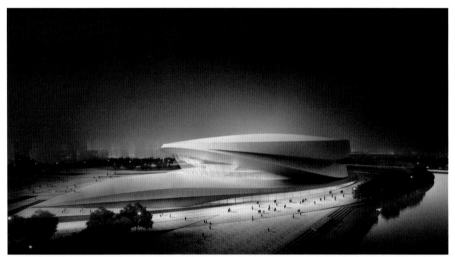

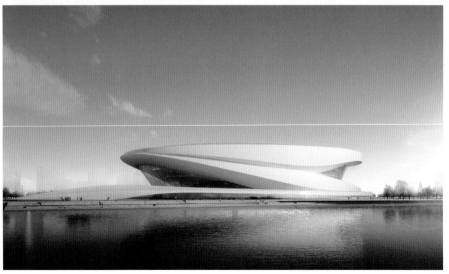

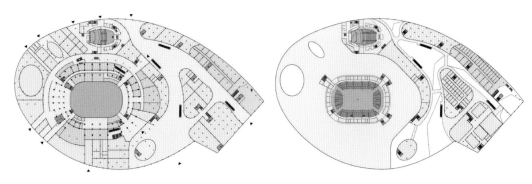

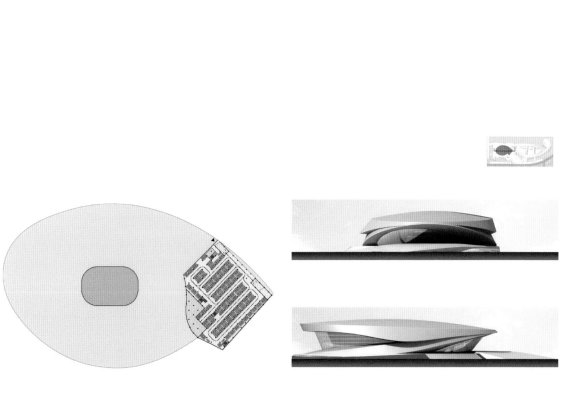

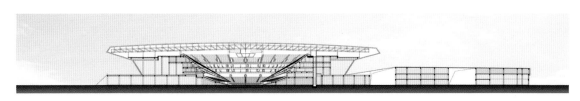

创作与艺术表达

方案周期经历中国的新年，项目组在春节假期进行了很多轮的方案讨论与对比，在交标前完成了一版方案。但艺术创作总有不确定性，方案主创梅洪元先生在交标前一周提出了现在这版方案的理念。整个团队在梅先生的带领下将原有方案全部推翻，激情满怀地重新设计，并在7天内一气呵成，完成了方案设计及其全部的后期表达。建筑形象以白色简洁体量作为母题，以轻盈、漂浮、极致技艺的造型，融合性地表达了沉静高雅的文化氛围、雪域冰原的地域属性及简洁灵动的现代建筑时代特征，彰显文化建筑集群的独特魅力。梅洪元将自己对文化的解读融于艺术馆群的设计之中，大胆地赋予水边建筑"文化航母"的意向，营造建筑文化与现代理念结合的气质，而其具有的大型、复合型功能，形成多元化业态聚集地，"文化航母"的概念也名副其实。

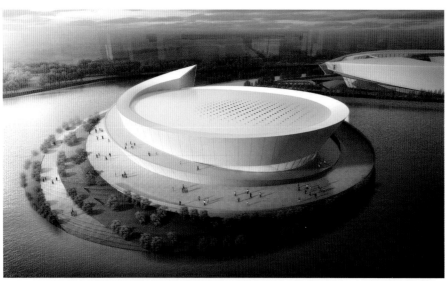

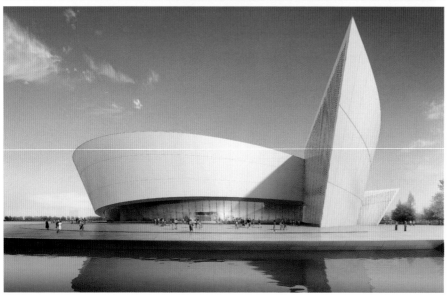

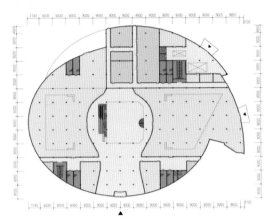

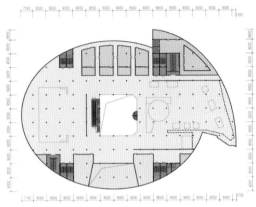

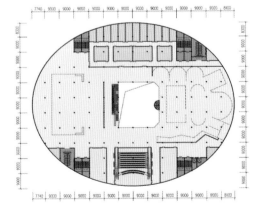

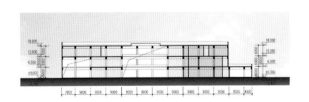

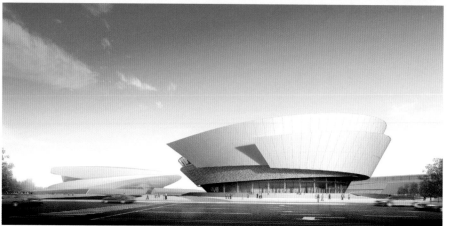

工程档案 /

项目名称

长春空港经济开发区东北亚文化艺术馆群

建设地点

中国吉林省长春市空港经济开发区泷泽湖南岸

创作时间

2017年1月–2017年2月

总用地面积

37.85万平方米

容积率

0.68

创作团队

哈尔滨工业大学建筑设计研究院，梅洪元、张岩、李菁菁、郭旗、刘传奇、王开泰、洛晨、张黛妍、胡晓婷、左煜、程文萱

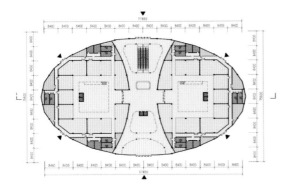

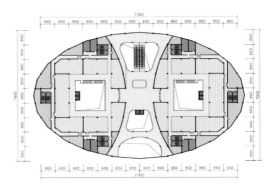

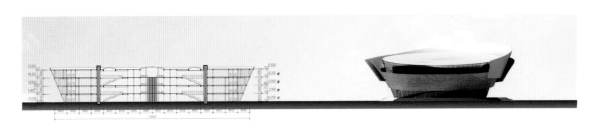

藏在深山的吉祥

——广东海丰大安寺

主创设计师/

戚喆，西安市古建园林设计研究院古建所所长，陕西绿云古建园林景观工程有限公司总顾问。

主要设计师/

王红，西安市古建园林设计研究院古建所所长，陕西绿云古建园林景观工程有限公司景观设计总监。

岳红涛，陕西绿云古建园林景观工程有限公司总经理助理，古建设计师。

广东海丰大安寺位于汕尾市海丰县，距离海城镇北部7千米的莲花山。根据设计说明，这个项目的目标是打造一座充分尊重中国传统建筑的佛教寺庙。具体来说，在构成、布局和建造方面，要借鉴传统建筑的方法，寺庙与环境、自然和当地文化之间的关系也要尊重传统。从这个角度来说，本案不仅仅是一座寺庙；它更是一个环境的营造，一种文化的传承。戚喆先生和他的设计团队在设计理念和设计美学上借鉴了唐代建筑的样式，整座寺庙的组织以传统中式建筑为基础，以『间』『群』为单元，采用『风水』原理，遵循唐代伟大诗人、书画家王维的《山水诀》，打造了大安寺的园林景观，巧妙处理了建筑与周围自然环境的关系。设计采用当地材料，如砖石和木材等。设计研究了太阳直射光和天空扩散光等光候现象对人的作用和对环境的影响，以及『建筑对听觉、视觉、触觉等所产生的反应』。最终我们看到的是一个令人过目难忘的作品。在这个项目中，生命与建筑紧密相连，难分难解，天人合一，用戚喆先生的话来说，『优美的自然环境与人工园林，多样的地形变换……使寺庙融入当地人的生活，延续宗教传统，产生积极正面的影响』。

——马里诺·福林（Marino Folin）

作品解读人/

马里诺·福林（Marino Folin），威尼斯建筑大学前校长，雅伦格文化艺术基金会主席。

夫画道之中，水墨最为上。肇自然之性，成造化之功。或咫尺之图，写千里之景。东西南北，宛尔目前；春夏秋冬，生于笔下。——王维《山水诀》

广东海丰大安寺的设计实践了王维在《山水诀》中所表现的画理与画意，并结合传统的禅宗伽蓝七堂寺院布局，点染了这片瑰丽的山河。

设计师说

作为主创设计师，戚喆解释道：建筑的表现与一般绘画不同，其画风应符合理性，除了绘画本身的意趣，建筑严谨考究的章法也必不可少，着以丹青，辅以绳尺，才能塑造一幅天人合一的绝美图景，既要有清晰明朗的建筑作为刚强的骨骼，又要有蓊郁秀美的树木山水作为丰满的血肉。

广东省

汕尾市

海丰县

建设位置

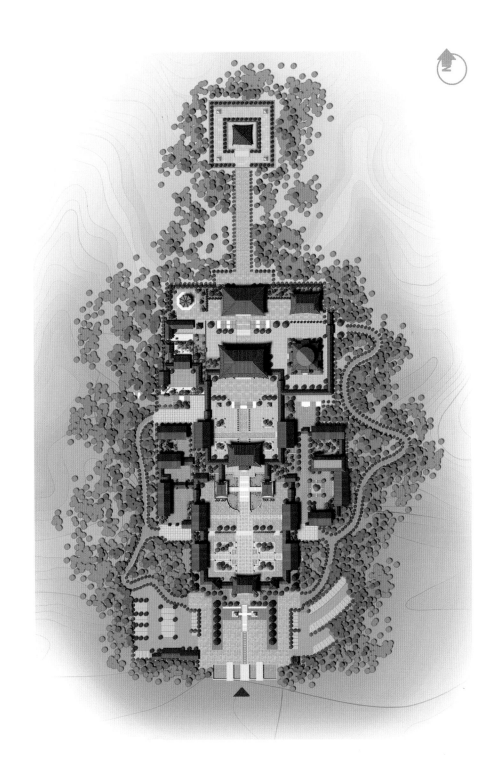

藏在深山里的吉祥

广东海丰大安寺的设计集传统建筑风水学、园林营造学、建筑美学于一身，延续并发展了中国优秀宗教建筑营造传统；大安寺的所在地区人文气息浓厚，寺庙香火鼎盛、名僧辈出，影响力在周边无出其右，其深厚的文化背景与信仰基础必将使其重新担当起弘扬佛法、普度众生的重任。建设伊始，设计师通过查阅大量历史资料，选取了最能体现中国建筑美学思想与哲学精神的"唐代建筑样式"来进行设计，无论是出挑深远的檐口，还是层层叠叠的斗拱，均能体现结构功能与形式美的强大统一；而寺庙优美的自然环境、独特的选址，又能使寺庙融入当地人的生活，延续宗教传统，产生积极正面的回响。

消隐于深山

中国传统宗教建筑往往与宫殿一样，即先规划严谨对称的轴线，再以一组或多组建筑如众星捧月般烘托出恢宏的气势。广东海丰大安寺的规划不单单以建筑规模取胜，更是严格遵循背山面水、负阴抱阳、以寺为形，以山为势的风水要诀，讲求取法自然，不违背客观规律。建筑设计则以模数统领全局，大到建筑群和每个院落，小到单体建筑的斗口尺度，都传承自数千年形成的营造手法，古意中又有新意，今日加以重新利用，再现这座辉煌的丛林古寺。

现代建造方式表达传统建筑文化

大安寺实现了传统技艺与现代科学的完美统一，一方面把中国传统建筑中关于"材分""斗口"的建筑模数规范化、合理化，使之能够被现代建筑规范标准接受；另一方面使用大量可降解的有机建筑材料，在减少污染的同时也降低了成本，提高了建筑质量，减少维护的费用和精力。

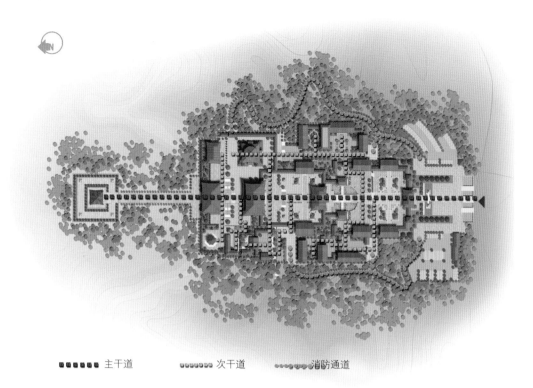

■■■■■■ 主干道　　●●●●●●● 次干道　　●●●●●● 消防通道

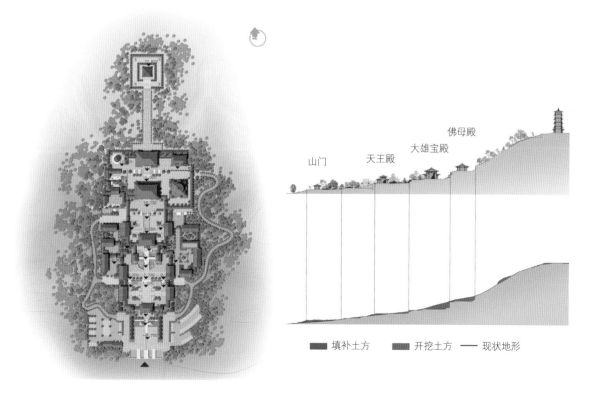

佛母殿

大雄宝殿

天王殿

山门

■ 填补土方　　■ 开挖土方　　— 现状地形

传承与重新地反思

广东海丰大安寺的设计谨遵中国传统建筑匠作思维，选取"唐代建筑样式"进行设计，发挥出了中国古代建筑结构与形式的巨大优势；整座寺庙以"间""群"为单元组织布局，贯彻"风水"文化，结合当地独特的砖、石、木材，体现了"传承—转换—创新"的整个创作过程。

人们对一个地域和族群的认同感均来自于当地文化，一座优秀的文化建筑可以增加文化自信，进而构建具有地方特色的、强势的中国文化语言。设计师在设计的过程中，着眼实际，融会贯通传统建筑技艺与现代技术，使大安寺成为当代优秀的中式古典建筑的案例之一，同时也将对当地文化发展产生很大的影响。

源于自然并融于自然的古建筑文化载体

大安寺继承了中国古代优秀营造技艺，也承载着中国传统建筑的精神与理想，它取材自然并且融入自然，同时又顺应自然的发展规律；人工与自然并不是完全对立的，把握好"度"，就能达到"天人合一"的境界。

本案的设计语言以"间"为单位组成寺庙合院，"间"相互组织而成了"群"。这些"间""群"又与自然山形、水面结合，极大地丰富了山水的内涵。

"肇自然之性，成造化之功"，这座消隐于深山的寺庙成形于自然之中，与山呼应，同水相成，取法自然。藏于深山之中，又将吉祥送予尘世间。

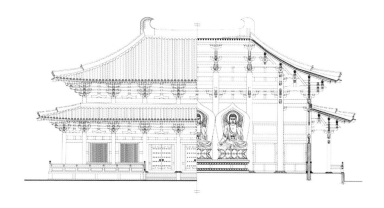

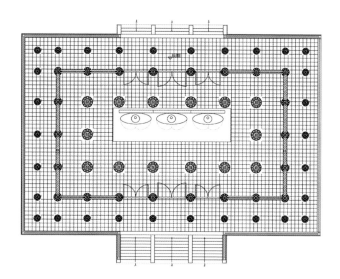

工程档案∕

项目名称

广东海丰大安寺

建设地点

广东省汕尾市海丰县海城镇北部7千米莲花山大安寺

设计时间

2015年11月

建成时间

在建

总用地面积

10万平方米

绿地率

52%

山水诗意，以微见著

—— 桂林万达文旅展示中心

主要设计师 /
张博，腾远设计广维（WAT）设计研究室主持建筑师。
王维，腾远设计，精工工作室建筑师。

主创设计师 /
魏鹏，腾远设计事务所有限公司副总建筑师，广维（WAT）设计研究室主持建筑师。2015年第二届山东省杰出青年勘察设计师，2016年青岛市十佳青年建筑师，作品入选《中国建筑设计百人榜》。

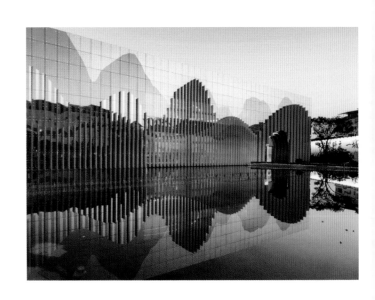

作品解读人 /

约阿希姆·福斯特（Joachim H. Faust），建筑工程硕士/注册建筑师、HPP集团公司总裁、HPP国际公司董事，是德国唯一一位连续三次陪同总理默克尔访华的建筑师。

桂林山水确实是中国最富魅力的自然环境之一。我觉得「盒子里的景观」这个理念对这个项目至关重要，不过实现这个目的是很难的。在玻璃幕墙的前方使用边缘工整的玻璃肋，有时候看起来不是很自然。但是，周围山水的景色可以倒映在上面，这便是展示中心的设计意图。我认为内部的竹子世界是个令人眼前一亮的空间。行走在竹林之中，沉浸在大自然的怀抱里，这是一种无法超越的极致体验。

—— 约阿希姆·福斯特（Joachim H. Faust）/德国HPP建筑事务所（HPP Architekten）

建筑与自然、建筑与文化的指向关系一直是建筑师重点关注的话题。在这个项目中，设计师希望以一种简单、质朴的方式，建立起建筑与自然、建筑与文化的关联。正如艺术、文学都有小品一样，这个项目也算是一个建筑小品。小品并非没有技术难度，也不是没有思想深度，但不必全力以赴、面面俱到，小品是兴之所至的灵光一现，是小中见大的信手拈来。从山水到建筑，设计师希望这个房子能含蓄地表达出自然的景色与吐息：复杂而又节制，自由而有韵律，并通过它连接人与自然、建筑和风景。

设计师说

在主创设计师魏鹏看来，利用玻璃材料之间的折射、透射和反射，再加上建筑前水面的倒影，才更有漓江山水的味道。

诗化山水

水光潋滟晴方好，山色空蒙雨亦奇。

理念缘起：由景入境，山水情怀

山水："山水"在中国传统文化中有着特殊的意义，比如国画的分类——人物、花鸟、山水：国画中的风景画叫作山水画，而中国古典诗词中一个重要的华彩部分则是山水诗。中国文人寄情山水，以山咏志，以水抒怀，山水诗画表现的不只是自然风景，里面有景致、有思绪、有情怀，表达的是人与自然心灵相照、气息相通的共生关系。

桂林：桂林山水甲天下，"山青、水秀、洞奇、石美"堪称"桂林四绝"。

在山水甲天下的桂林，建一座展示中心，营造山水主题也是一个自然的选择。关于这一主题的呈现，设计师希望是一种抽象和写意的表达：尝试将山水景观进行一定程度的"去图案化"，通过一种抽象的线构方式来进行再现。方案呈现的是一个极简的立方体，只是通过玻璃幕墙的处理，来塑造一个"山水立方"，巧借人工，抽象自然。希望这个项目的设计能够源于景、表以形、达于意，由景入境，通过一个纯净的玻璃盒子唤起人们内心的自然意趣、山水情怀。

从建构到文脉：因物成器，工巧其中

相比那些体量巨大、功能复杂的项目，这个展示中心是一个规模较小的建筑小品。创作的初衷是想做的简单一些，放松一些，更注重表达理念的纯粹性和实施的可操作性。设计时主要考虑的是这样的问题：

1. 从形态到意向：如何通过简洁的建筑形象，来表达中国传统文化中的"山水"意向？

2. 表皮建构的空间厚度：如何通过表皮的处理，来达到对景观层次和空间厚度的表达？

3. 材料建构的风景化指向：如何利用玻璃材料的反射、折射和透射性能，结合数码彩釉技术，共同打造一个边界模糊、层次流转的含蓄形态，来指向一个山水氤氲的自然景象？

总的来说，通过不断追问自己以上三个问

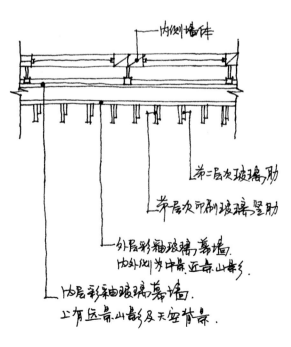

内侧墙体

第二层次玻璃肋

第一层次印刷玻璃竖肋

外层彩釉玻璃幕墙.
内外侧为中景.近景山影.

内层彩釉玻璃幕墙.
上有远景山影及天空背景.

　建筑艺术的内核在哪里

题，从建构到文脉，让项目将内化的山水诗意转变为外化的建筑形象。

桂林的山远近有致，加上水面倒影，层次更为丰富。为此，我们找到来自广东的一家数码彩釉艺术玻璃厂家——广东南亮玻璃有限公司。为此，我们找了国内在数码彩釉艺术玻璃细分领域最知名的企业——广东南亮艺术玻璃科技股份有限公司。经过建筑师和厂方设计技术人员几个月的沟通、配合，对艺术玻璃及结构进行二次创作设计，终于开发出比较好的表现手段:建筑通过竖向玻璃肋的高度起伏表现桂林独有的喀斯特地貌的山影，通过玻璃肋疏密程度和出挑尺度的不同，将立面勾勒出"近景""中景"

"远景"三个山影层次。不同玻璃之间经过透射、反射和折射效果的层次叠加，在阴晴雨雾等不同的光照条件下，会形成微妙变幻的戏剧性效果。在光影流转中，"边界"也变得模糊流动。近观建筑，仿佛置身于氤氲水气飘过的山峦之中，而建筑也敏感的映射出周边自然环境的变化。观者、建筑及桂林山水相互感应，以微见著，会心不远。

景观与建筑：归林竹语，心系山水
展示中心景观设计延续了山水主题，利用层叠的水面，小路、竹廊，实现空间的联结与缩放，与建筑相映成趣，使人游在其中，步移景异，由景入境。

工程档案 ╱

项目名称	竣工时间
桂林万达文旅展示中心	2016年9月
建设单位	用地面积
大连万达集团	26118平方米
设计单位	建筑面积
腾远设计 广维（WAT）设计研究室	4800平方米
建筑设计	建筑外墙材料
魏鹏、赵广俊、王震铭、张博、王维	数码彩釉艺术玻璃幕墙
建设地点	玻璃创作设计
中国广西桂林市七星区	广东南亮艺术玻璃科技股份有限公司
设计时间	艺术玻璃制作
2016年5月	广东南亮艺术玻璃科技股份有限公司

新东方主义

—— 新著东方展示中心

主创设计师 /
张兵，北京弘石嘉业建筑设计有限公司总建筑师、董事长，北京土木建筑学会副理事长，全国房地产设计联盟委员，全联房地产商会理事会员。

主创设计师 /
张露秋，北京弘石嘉业建筑设计有限公司总经理助理、副总设计师。

五重院落的设计理念带来层层递进的空间体验。通道的布置十分巧妙，带来的环境体验能引发人们的好奇心和探索欲。通向第一重院落的主路有着浓郁的中式风情，同时又巧妙融入了现代的细节设计。第三重院落让人感觉仿佛置身环境中央，是空间序列中的一个停留点。整个序列以第五重院落为终点。设计将东方文化融入现代建筑，同时关注细节，精雕细琢。整体设计给人的印象是安静、祥和。

—— 萨姆·达米科（Sam D'Amico）

作品解读人 / *Sam D'Amico*

萨姆·达米科（Sam D'Amico），美国建筑师协会会员，美国史密斯集团副总裁，公司医疗建筑设计负责人。

冬日北京的风向来清冽，踏勘时躲进一处砖墙围起的小院避寒，发现院子里的阳光比想象中还要强烈和温暖，人与建筑之间的关系，如此简单而直接。

新著东方展示中心的主要任务是向大家呈现周边住区与配套设施的未来规划，并在若干年之后它将转变为文化展览设施。"新东方主义"是这个建筑的核心理念，是对传统艺术和文化的再发掘，是东西方文化融合的产物。对于建筑而言，形制是躯体，空间是灵魂，形制变迁，空间永恒。新东方主义的建筑观是对中式空间的经典呈现。

设计师用现代材料营造出一幅中国园林景象，通过建筑空间的营造将中国古典文化和禅的韵味表现得淋漓尽致。

东方意境的营造方式

展示中心的入口沿基地北侧道路，规模并不大的建筑主体位于地块最南侧，在到达展示中心之前，需要穿越层层相连的五重院落。建筑表皮使用了石材、金属和玻璃，虽然是现代的设计手法，但建筑的院落空间的层叠与递进方式强烈地体现着东方意境的秩序感。

入口大门：中国独特的建筑文化，因"门"而益发独特。入口大门整体对称、稳重而且舒展，用紫铜浇筑的大门带着木色的自然与悠远历史的独特气质。

第一重院落：进门即是第一重院落空间，庭院深深，巨大的圆形水池，搭配庭院四周繁茂的树木，颇有一种园林的感觉，乘车而来的参观者在此停车落客。

第二重院落：步行穿过第二道门，迎面是由半透明玻璃制成的屏风，路径转而向右，第二重院落相对轻松雅致，让人马上变得安静放松下来。

第三重院落：这是一个过渡空间，空间尺度进一步缩小并再次变换路径，将人带入主轴线。

第四重院落：穿过一个狭长而缥缈的廊架空间，步道两侧沿围墙种有竹子，带有仪式感的金属廊架强化了空间序列。

第五重院落：走出廊架来到第五重院落空间，空间突然放大，正前方的建筑主体高大而通透，并在镜面水池中形成完整的倒影，达到空间序列的制高点。

在院落之间穿梭的过程，是建筑向人传递情感的过程。五重院落各有千秋，设计师以第一视角的方式，寄情于景，通过五感来让人们清晰地感受到每一重院落分别所营造的意境。将园林景观和东方禅意文化相互融合，通过景观营造将人与自然拉近，同时近距离感受东方文化的真谛。

西方文化在促进社会发展的同时也使本土文化受到侵蚀，这种趋势引起社会各个层面对历史的反思。作为建筑师要时刻关注东西方文化的碰撞，希望寻求多种文化的平衡点。全球文化共荣是历史发展的必然，对本土建筑文化的继承和延续是中国建筑师的责任。我们要正视历史前行，也要留下久远的记忆，在现代科技背景下，我们必须找到一种途径，能够将东方文化传承下去，将经典变为永恒。

工程档案／

项目名称
新著东方展示中心
建设地点
中国北京市丰台区槐房西路
创作时间
2016年3月
总用地面积
14600平方米
建筑占地面积
1197平方米
水体面积
600平方米
容积率
0.15
创作团队
张露秋、张兵、周国辉、李默、杜洽文、张建霞、康东、田红江

大连建筑的混血色彩

——大连东软国际软件园（河口园区）I期

主创设计师/

梅洪元，全国工程勘察设计大师、中国寒地建筑工程设计领域学术带头人、寒地建筑国际协作研究协会（ICCHA）主席、中国建筑学会寒地建筑学术委员会主任。

作品解读人/

萨姆·达米科（Sam D'Amico），美国建筑师协会会员，美国史密斯集团副总裁，公司医疗建筑设计负责人。

这个项目的成功之处在于园区内建筑的巧妙布局。设计对城堡建筑和地中海山城的借鉴十分明显，园区内各建筑和形态的构成经过巧妙构思。天然石材的使用突出了设计理念，景观元素和形态让建筑更显锦上添花。建筑大胆而精致，正是城堡建筑的风格。园区给人一种庄严宏伟的感觉，宏伟的同时，又不失人性化，空间的体量让行人感觉很舒服。庭院和通道的布置融入园区地形，形成流畅的空间体验，将园区内各个独特的空间和景致串联起来，带来人性化的环境体验。

——萨姆·达米科（Sam D'Amico）

好的建筑有三个条件：实用、坚固和令人愉悦。

东软国际软件园（河口园区）位于大连高新技术园区河口软件产业基地，是为适应近年来国际国内软件和信息服务市场的高速扩张及自身业务迅速发展而建的新园区。该园区是一个具有历史和人文特色、与环境结合，综合办公、配套及运动设施的公园式园区，适应软件开发人员对创作环境的要求。规划内容包括：软件研究和开发中心、行政办公、接待、展示、综合培训及其他配套附属设施。建筑整体形象浑厚，以天然感觉为主，力求创造山区城堡群的建筑形象，形成鲜明的城市印象。

设计师说
主创设计师梅洪元将自己深扎在东北寒地的土地，将这块丰富的地域性语言用现代文明和技术叙述出来，并与历史进行对话。

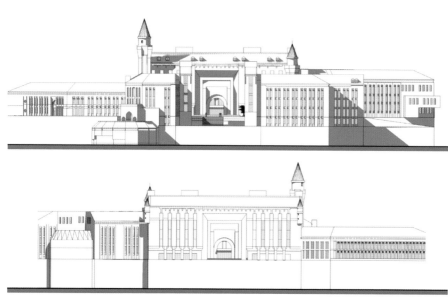

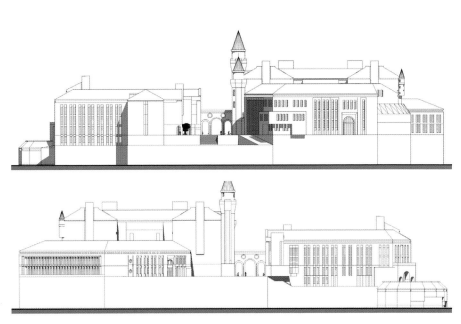

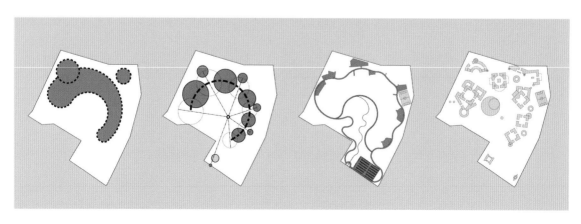

自然对建筑的诉求

越是极端的环境，建筑物对实用和坚固的要求就越高，这一点，可以清晰地从梅洪元先生的设计作品里看到。东北寒地建筑的形体语言以内向厚重，敦实规整为主，在空间组织中避免风寒，规划布局上争取阳光。

建筑单体的不同组合方式构成若干形态各异的院落，在水平方向对冬季寒风形成多道屏障。而集聚收缩的单体形构，要求建筑造型简洁、规整，尽量避免复杂的轮廓线以降低热损。设计中尽量采用了被动式节能技术手段，加以机械方式补充，通过控制阳光和空气在恰当时间进入建筑并合理储存和分配热空气、冷空气，从而使能源得到高效利用，提高建筑舒适度指数。

建筑在历史中的衍变

历史无法抹消，它总是通过各种方式来表现自己，让我们无法忽略它的影响。而一个区域、一座城市的文化脉络总是来自历史事件，不管这个事件是好是坏，在文化上，都意味着独特性。

在大连，建筑文化改变最为显眼的时期，来自近代的殖民历史。先被沙俄统治了7年，然后被日本统治了40年。二者都将大连作为一个实验场地，将自己的设计灵感投放在大连，给大连的城市文化带来浓厚的混血色彩。

这一色彩被设计师捕捉到，并将城市中的文化脉络表现到东软国际软件园这个项目里。我们能在山谷里看到哥特式的尖塔顶、文艺复兴时期的穹顶格调、巴洛克风格的曲面。还有希腊的柱式，这走廊的一根根石柱，和当初亚里士多德散步讲学所走过的一样。

这种丰富的文化类型，其思路和软件设计园的思想走向了一致，就是具有逻辑性的同时富有灵感。作为历史文化衍变的产物，能和大连有机地结合起来而不显突兀。

建筑设计的情感营造

软件园是工作场所，建设在山谷之中，奠定了建筑所想要打造的氛围基调。这里不希望呈现规律性的死板和机械，也不该是时尚前卫，而是学院式的理性与闲暇。

以古堡的形象作为主题，将现代古堡以田园化的场景再现。从视觉空间上看，根据基地特征，着重设计了一系列具有情境的场所空间。例如，在几何纯粹的广场中心设置了具有雕塑感的尖塔，使之与韵律起伏的穹顶遥相呼应。水平与竖直、节奏与突变强烈的反差，在天际营造出崇高、神圣的心灵感受。

通过对建筑界面、视线路径上的节点和标志物强化对建筑的印象，当天际线与视觉焦点在主次分明的体量构成和逻辑清晰的符号组合中依次浏览时，受众的情绪自然地随之起伏。再将建筑作为大山的拓延，把自然、建筑与人融为一体，让人们的情感得以抒发。

这是一套结合了自然环境和文化地域的优秀作品，这不仅是因为设计师对这片寒冷土地的热爱，也是设计师对城市文化的血缘关系的探索成果，以此保存着这个城市的历史记忆。

工程档案 /

项目名称
大连东软国际软件园（河口园区）I期
建设地点
东软国际软件园大连河口园区
创作时间
2006年11月-2007年5月
总用地面积
49.7万平方米
总建筑面积
12.6万平方米
绿化率
45.07%
创作团队
梅洪元、曲冰、陈剑飞、晏青、王哲、邹波、张志伟、陈嘉未、高光、费腾、周峰、侯昌印、
鞠叶辛、郭雨

丝路花谷孕育的寒地建筑

——第十三届全国冬季运动会冰上运动中心

主创设计师/

梅洪元，全国工程勘察设计大师，中国寒地建筑工程设计领域学术带头人、寒地建筑国际协作研究协会（ICCHA）主席、中国建筑学会寒地建筑学术委员会主任。

第十三届全国冬季运动会冰上运动中心坐落在新疆南山风景区，这里有着未受污染的自然风景，古时是丝绸之路经过的地方，现在冬夏两季都是旅游胜地。在现代背景下，建筑与传统应该是怎样的关系？在自然环境背景下，环境与一栋新建筑之间，又应该是怎样的关系？

梅洪元教授和他的团队强调了地域性的重要性，认为地域性是「建筑的基本属性」，是「与生俱来的」，认为我们需要「维持和延续原有传统的地域观念」，同时，还强调「要通过应用现代文明和技术对传统建筑进行重新诠释，实现对现实与未来的地域性特征的重新判断」。在这样的设计理念驱使下，我们看到这个项目是由五栋曲线建筑构成的复杂建筑群，各个建筑物彼此完美相融，同时也融入周围的自然环境，「仿佛掩映于皑皑白雪之中」，「以层状处理的横向线条模拟戈壁独有的岩层地貌，以玻璃上雪花冰晶的模拟对地域特色进行呼应。」复杂结构与诗意造型的完美结合。

——马里诺·福林（Marino Folin）

作品解读人/ *Marino Folin*

马里诺·福林（Marino Folin），威尼斯建筑大学前校长，雅伦格文化艺术基金会主席。

听微风，耳畔响，
叹流水兮落花伤，
谁在烟云处琴声长?

本案位于新疆乌鲁木齐，是中华人民共和国第十三届冬季运动会主场馆，由中国工程勘察设计大师梅洪元教授主创设计。总用地面积30.06公顷，总建筑面积7.83万平方米，由速滑馆、冰球馆、冰壶馆、媒体中心及组委会、餐厅和宿舍、动力中心组成。三个竞赛场馆和两个非竞赛场馆整体连接起来，犹如一朵盛开的天山雪莲。方案以流畅曲线作为场地主要脉络串联5个单体，也是对丝绸文化的现代演绎。冰上运动中心根据体育公园的基本定位，提出了"丝、路、花、谷"的设计理念，从新疆特有的地域特性和传统文化中汲取灵感，紧扣冰上运动需求，展现新疆的灿烂文化和地域美景。

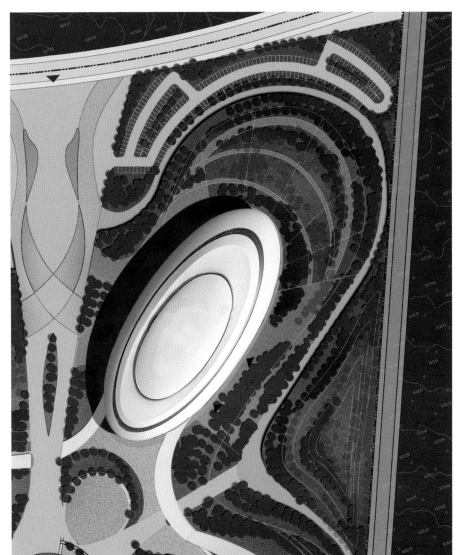

大建筑的系统论

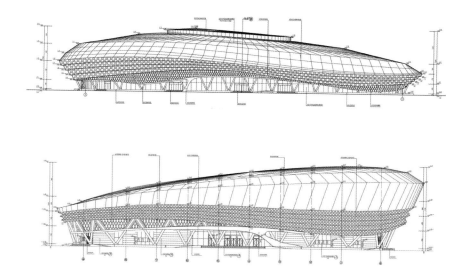

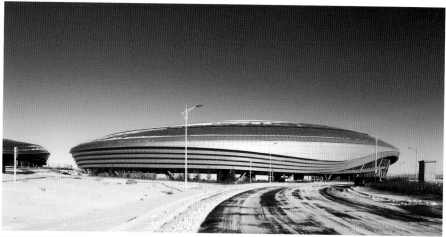

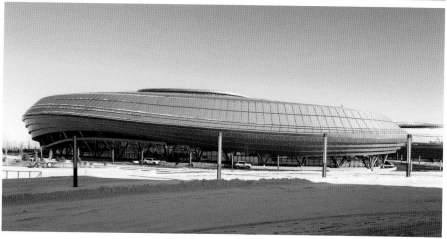

"丝路花谷"神韵的绽放

设计上采用了"一环、两轴、中心发散"的规划布局形式。"一环"——建筑以中心广场为基准环绕布置，环状道路为5栋建筑提供直接联系，分区明确；"两轴"——基地内部南北、东西贯穿步行主轴线，主要车行道路沿建筑外围环绕，场地内部交通组织明确，人车分流设置，有效避免干扰；"中心发散"——园区规划以中心向周边发散的形态模拟新疆天山、天池的地域特点，整体规划灵活自由，充满动势，同时便于各场馆独立建设，分期实施。

建筑群所形成的围合式布局顺应当地主导风向，有效抵御寒风侵袭。功能布局设计充分考虑建筑之间联系便利，以赛事的合理组织和赛时及赛后的环境空间塑造为主要依据，为运动员及市民提供多样的活动空间。三个比赛场馆、运动员公寓及媒体中心呈环形布局，环抱而内聚，宛如雪莲花开。花瓣中央为天池广场，冬季浇冰，夏季为轮滑和滑板活动场地；花瓣的向心内聚为外部空间留出多样的室外运动场地，保留布局灵活性的基础上，能够节约用地，为远期发展留有空间。整体功能布局和谐灵活、高效集约，同时塑造出丰富的空间形态。

地域性的动态演变

地域性是建筑与生俱来的基本属性，一直伴随建筑历史发展的全过程，使其既有相对的稳定性，同时也是一个动态发展的过程。它既要维持和延续原有传统的地域观念，又要通过应用现代文明和技术对传统建筑进行重新诠释，建筑师对地域性的驾驭，正是他们帮助业主实现现实与未来生活方式的重新建构。建筑造型从新疆雪山、戈壁等特色地貌中提取元素，简洁清晰的几何形体展现了冰雪体育建筑速度与力量的原真特质，表达了群山环抱的雪山花谷意向。建筑的形体利用高效导风的屋盖形态减少屋面积雪，通过优化体型系数降低建筑能耗，设置缓冲空间营造高舒适的空间环境。

冰上运动中心建于天山脚下的乌鲁木齐县，海拔达到1650米，是世界上海拔最高的冰上运动场馆。冰上运动中心距雪上项目主赛场不到8千米，在方圆10千米范围内形成集冰上、雪上两大运动训练、比赛为一体的综合性训练基地。

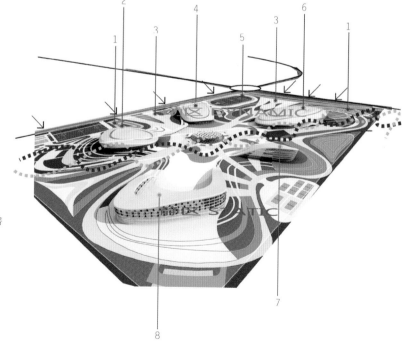

1.停车场
2.冰壶馆
3.主入口广场
4.冰球馆
5.室外运动区
6.速度滑冰馆
7.媒体中心及组委会、附属用房
8.宿舍、餐厅

冰上运动功能主体

该项目中所有场馆的冰面均按照国际滑冰联盟2010年最新竞赛规则要求设置，速滑馆采用400m的标准跑道；冰球馆采用70m×40m的比赛场地，同层还设有56m×26m的练习场地；冰壶馆场地尺寸按照冰球场地尺寸设置。在速滑馆和冰壶馆，建筑设计均采用了单面布置观众席的布局方式，便于赛时管理，又利于形成较为集中的观战氛围。

速度滑冰馆主体钢结构体系采用大跨度预应力张弦结构体系，属于高效、经济的新型体系，目前在超过100米的大跨度和超大跨度结构体系中已经得到很好的推广和应用。预应力张弦结构体系是由上弦大跨度桁架、中间撑杆、下弦预应力索组成自平衡结构，充分利用了高强预应力索的抗拉性能改善结构的整体受力性能，具有自重轻、跨越能力强、施工方便、承载力高、经济性好等一系

列优点，同时结构的自平衡性能有效简化了下部结构设计难度。

冰球馆中等跨度，考虑到经济性与施工效率，钢结构屋盖优先采用双层双曲网壳结构，结构空间交会的杆件互为支撑，将受力杆件与支撑系统有机地结合起来，改变了一般平面结构受力特点，能承受来自各个方向的荷载，因而具有较高的安全储备，能较好地承受集中荷载、动力荷载、非对称荷载，抗震性能好，同时用料经济。

冰壶馆跨度最小，采用螺栓球曲板网架结构，结构简洁，受力合理，具有技术成熟、施工标准化、设计难度低、加工和安装精度高等一系列优点。结构的抗震、抗风性能优越，经济性也非常好，特别适用于冰壶馆这种中小跨度的体育建筑建设。

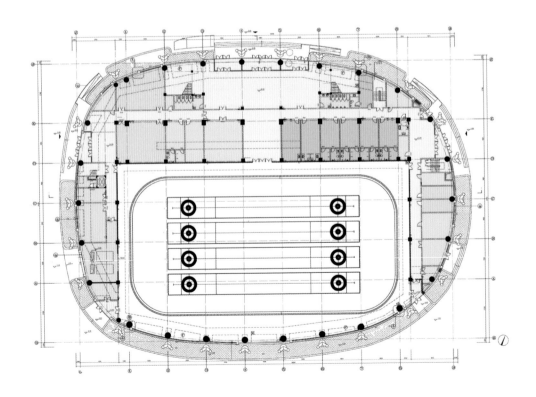

天山脚下全运雪乡

冰上运动中心的设计规划要体现新疆特色、民族文化，成为一个地标性建筑。从新疆独特的雪山、戈壁等特色风貌中提取设计灵感，以纯净的白色屋顶勾勒出自然雪貌的造型意向，以层状处理的横向线条模拟戈壁独有的岩层地貌，以细密的回纹图案镂雕水平遮阳板对地域特色进行了抽象的呼应。整体建筑群仿佛掩映于皑皑白雪之中，立面形象疏朗大气、飘逸灵动，与环境和谐共融，完整的实现了"天山脚下全运雪乡"的意境。

新疆的多民族、多元文化、多样景观凝练和孕育了这份作品。第十三届冬运会冰上运动中心功能组织集约高效、立足地域性节能和适候性，实现环境效益、经济效益、社会效益的综合平衡与优化，为新疆维吾尔自治区建设了一组高品质的体育建筑。

工程档案 ⁄

项目名称

第十三届冬季运动会冰上运动中心

建设地点

中国乌鲁木齐南山风景区

建成时间

2016年

总用地面积

30.06万平方米

总建筑面积

7.83万平方米

容积率

0.24

创作团队

哈尔滨工业大学建筑设计研究院，梅洪元、初晓、魏治平、陆诗亮、张玉影、费腾、彭颖、冷润海、卢艳秋、史建雷、戴大志、梁斌、赵建、王少鹏、史小蕾

西湖明珠从天降，龙飞凤舞到钱塘

—— 杭州国际博览中心

主创设计师 /

刘明骏，北京市建筑设计研究院有限公司副总建筑师、会展建筑工作室室主任，中国展览馆协会会员，专注于会展和商业建筑设计。

作品解读人 /

马里诺·福林（Marino Folin），威尼斯建筑大学前校长，雅伦格文化艺术基金会主席。

杭州国际博览中心位于杭州钱塘江畔，与杭州老城隔江相望。博览中心的空间体验仍然很人性化。这是一片综合建筑群，由多栋建筑构成，各个建筑物围合出一个中央的庭院，打造成一座中式古典园林。花园的设计依照中式古典园林的传统，有着山水画一般的隽永。潺潺溪流从花园中蜿蜒而过，汇成一条小河，流入博览中心所在的公园，再注入钱塘江。这个作品最令我印象深刻的地方是：它将宏大的体量与人性化的尺度相结合，将现代与传统相结合。矛盾对立的双方奇异地和谐共存。这是我们可以向中国学习的宝贵经验。

——马里诺·福林（Marino Folin）

杭州国际博览中心位于杭州钱塘江畔，是迄今为止世界最大的会展综合体建筑，也是2016杭州G20峰会的主会场，该建筑把恢宏大气与江南特有的清雅温润相结合，在世界面前展现出中华文明的多重印象以及西湖神韵和钱塘奔流的从容气度。为中国、为杭州增添了一份独有的色彩。

杭州国际博览中心，主体建筑由地上5层和地下2层组成，是集会议、展览、餐饮、旅游、酒店、商业、写字楼等多元化业态为一体的综合体。

设计师说

主创设计师刘明骏说，建筑师是一个"厚积薄发"的职业，面对设计体量如此庞大，功能如此复杂的城市功能性建筑，他早已把30年积累的建筑师情怀深深植入理性思考的沃土中，杭州国际博览中心设计工作就是个佐证。

强大的复合型功能

该建筑整体是由会展中心（包含展览、会议及城市客厅）、上盖物业、屋顶花园、地下一层车库及机房五大功能分区组成。各分区功能明确、区域划分清晰、资源共享，是一个综合功能强大的城市综合体。会展中心内部又分五大功能使用区，分别为：会议区、展览区、办公区、酒店区、配套服务区。

现代科技融合江南意蕴

杭州国际博览中心堪称建筑的"航母"，内容包罗万象。开业以来，已举办多场国际盛会，特别是去年在杭州举行的G20峰会，这个设计中所包含的科技、传统文化元素、绿色建筑技术以及完善的多种功能体系，得到了实际验证以及各方人士的充分认可。

杭州自古就是一个浪漫的城市，西子湖畔，苏堤垂柳，无不表现出江南特有的温婉；而她又是一座繁华不老的城市，这里是中国互联网商业帝国的摇篮，吸引着青年人万众创业的激情。与粉墙黛瓦的江南民居不同，博览中心设计大胆使用浓重的色调，表现杭州的激情与活力；贯彻于建筑各单体之间的中国元素，传递出优雅的东方神韵。

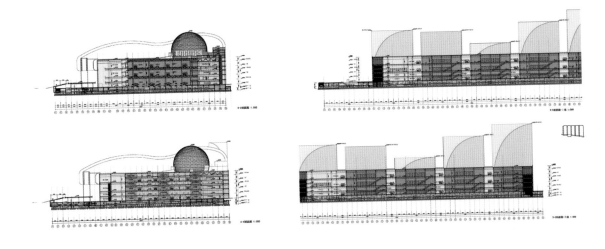

科学性和前瞻性

总建筑师刘明骏告诉我们，面对一座未来建筑的综合体，必须提前预估好它各个功能模块的规模和合理性，比如会展、办公和酒店等它们分别占地多大是合理的？还有，与甲方之间也得做好事先的沟通。此外还要系统化地安排各种空间——交通系统、消防系统、安防系统以及客户系统和内部管理系统等。以交通系统为例，超大型工程，如果处理不好竖向以及水平交通，整个建筑便会失去经济、高效、舒适的使用感受。

沟通特别重要

外部的挑战：就是与业主之间的沟通。建筑设计师拥有很多的专业经验和专业知识，如何将这些东西和业主解释清楚，便是一个难点。对业主来说，他们投资了一个这么大的项目，肯定有很高的期盼，但是这期盼也可能是错误的，所以就必须指出来，讲清楚，解答疑惑，而不是去抱怨业主。就像是顾客去买手机一样，商家会认真的跟顾客讲清楚手机的性能、价格等，而不是简单的敷衍顾客，这不是应有的服务态度。

内部的挑战：挑战来自如何统一一百多位设计师的设计想法，共同作战，实现共同的理想。杭州国际博览中心的总设计师是我和胡越大师，他负责整体的造型，我负责功能板块，包括流线和系统整合。其实超大型项目最困难的地方在于统一，理解每一位设计师的用意，结合大家的想法，统一思路，让设计感觉如出一辙。

对这个世界级的超大工程来说，很难用几句话概括它的艺术品位和价值。因为大型综合体建筑包罗万象，我们就引用汇报方案时的定场诗句吧：西湖明珠从天降，龙飞凤舞到钱塘。

工程档案 ╱

项目名称

杭州国际博览中心

建设地点

中国浙江省杭州市萧山区

创作时间

2011年

建成时间

2015年

总建筑面积

84.16万平方米

创作团队

刘明骏、邰方晴、王建海、沈莉、薛沙舟、申伟、蒋夏涛

华夏文化艺术地标
—— 郑州大剧院

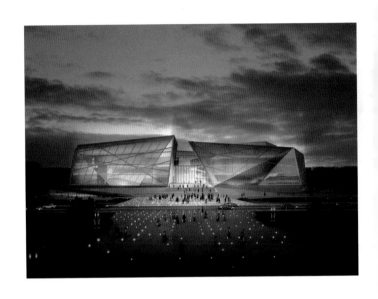

主创设计师/

梅洪元，全国工程勘察设计大师、中国寒地建筑工程设计领域学术带头人、寒地建筑国际协作研究协会（ICCHA）主席、中国建筑学会寒地建筑学术委员会主任。

作品解读人/ *Sam D'Amico*

萨姆·达米科（Sam D'Amico），美国建筑师协会会员，美国史密斯集团副总裁，公司医疗建筑设计负责人。

郑州大剧院的形态构成带来强烈的视觉冲击，同时又巧妙地形成一个和谐的整体。建筑形态传达出一种瀑布的感觉，两个部分之间有一种视觉缓冲。形态的设计独出心裁，使人仿佛看到山间流淌的溪流。外立面的处理极具层次感，对细节的关注以及对采光角度的掌控极简又精致，整体造型表达出『黄河瑞舞』的气势。两部分之间的空间让阳光能够射入，细节的雕琢提升了大厅的空间体验。设计对剧院建筑的深入探索令人印象深刻，这也是科技与艺术完美融合的一个成功典范，为表演艺术提供了绝佳的展现舞台。

——萨姆·达米科（Sam D'Amico）

"黄河瑞舞，龙醒中州"，郑州大剧院——一座地标性建筑，在郑州大地承载华夏文化，散发着特有的光辉，龙醒中州，吟啸大地。

郑州大剧院位于郑州市西部市民公共文化服务区，城市轴线东侧。作为中原地区表演艺术的最高殿堂，郑州大剧院设计让建筑的形象突破了传统平面或者立面的简单对应，使空间的折线和曲线能够流畅地表达，加强了建筑形式的立体感，表达出"黄河瑞舞"的气势，成为耕耘在城市钢筋水泥森林之中的艺术地标。

设计师说

主创设计师梅洪元教授说，建筑如文学作品一样，好的建筑应该是真实、自然而生动的，以平凡的叙事去彰显生活的真谛与人性的光辉，这才是建筑的伟大之处。我的"平凡建筑"理论，是为使建筑在"植根地域、回归人本、关注生活"的基础上获得持续的生命力。30多年的建筑生涯，我一直秉持这样的理想不断前行。

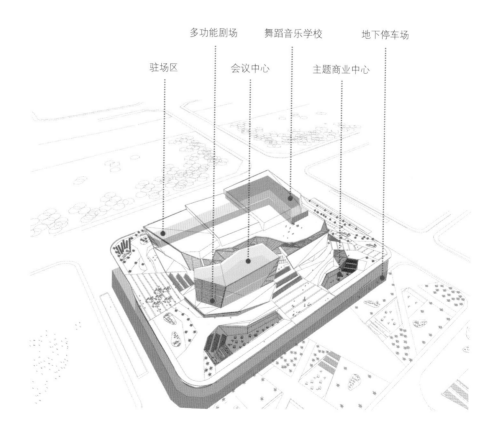

驻场区　多功能剧场　会议中心　舞蹈音乐学校　主题商业中心　地下停车场

中原艺术的磅礴之力

一切建筑文化都是地域主义的，地域性作为建筑的基本属性也将一直伴随建筑历史发展的全过程。建筑的地域性是个动态变量，它既要维持传统之间的关联，又要通过应用现代文明和技术对传统建筑特征进行改良，让它为现代生活空间所用。设计采用"南外北内，两横四纵"的思路打造出集约高效、专业实用的郑州大剧院，并以黄河浊波、浩浩东倾的郑州地域特征作为创作情景原型，由内而外让人感受到中原艺术的磅礴之力。

"可持续"剧院

郑州大剧院外部空间复合多变、建筑形体摒弃双层壳设计，回归质朴，外形顺应四个厅室的体积、高度，和而不同。设计希望为郑州打造出一个复合多变、活力开放的城市综合体，让郑州这座自古华夏轴心之城拥有一座文化自信、专业、高效、开放、绿色的"可持续"剧院。

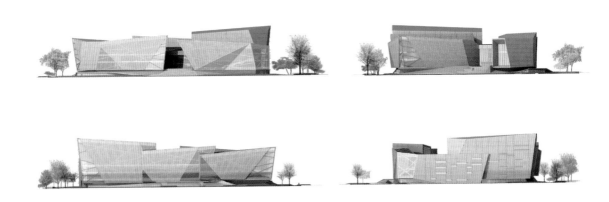

金属网——玻璃幕符合表皮

  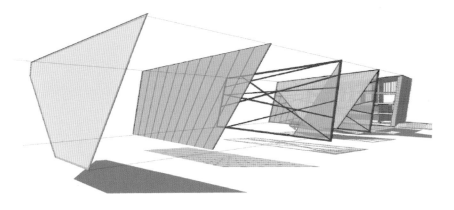

金属网   不同颜色的玻璃   金属结构   室内光环境营造

石材墙面

灰岩

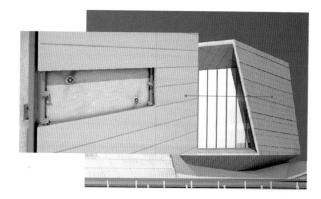

单层次普通玻璃幕

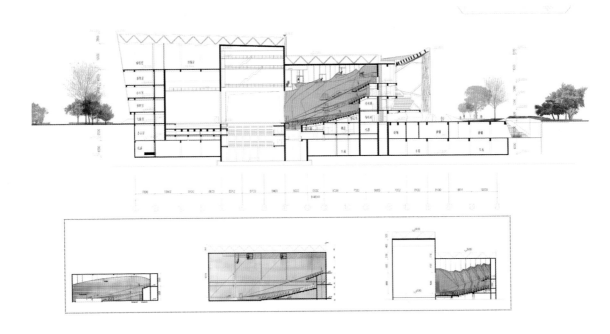

设计兼顾运营

歌剧院观众厅采用马蹄形平面，音乐厅采用鞋盒式，窄厅提供丰富的早期侧向反射声，非常经济实用。四个观演厅odeo三维声粒子分析均可获得丰富的早期反射声，声场均匀，经过建筑材料的优化配置可以达到出色的音质效果。水龙大厅设计也充分考虑到各种开闭模式。大剧院、戏剧场以及多功能剧场拥有独立门厅区域，均已实现独立运营。多功能剧场采用多个独立升降舞台，设置活动座椅，可实现600平方米平整地面，满足演出、会议、时装表演、展览等任何要求。

剧场上方设置多种会议室，可利用靠近商业、办公、星级酒店的地理优势达到资源共享。剧院内设置独立门厅，与多功能剧场结合打造出会议中心。剧场面南设置双层玻璃墙，实现自然采光，利用侧幕开闭实现明暗、声学等要求。后台全部靠外墙布置实现天然采光、通风。建筑表皮设计杜绝不必要装饰，运用结构构件、玻璃幕墙分框、遮阳金属网等必要元素组合设计，形成独具中国古典韵味的梦幻表皮，契合大剧院建筑性格。

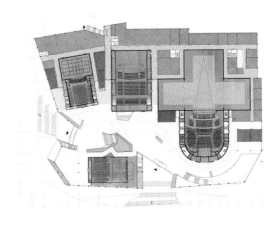

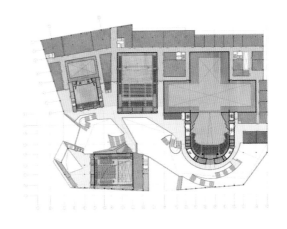

推动文化艺术的可持续发展

郑州大剧院的建设是为推动当地文化艺术事业的可持续发展，完善城市功能，提升城市以及人民的文化品位，同时也有效的安置解决具有地方特色的——郑州豫剧院、曲剧院、杂技团三大文艺院团业务、演出排练场所不足的现状。

郑州大剧院的落成是以郑州华夏文化为依托的，而郑州大剧院也巩固了郑州华夏文化轴心地位，从而推动了文化艺术的可持续发展。

工程档案／

项目名称
郑州大剧院
建设地点
中国河南省郑州市民公共文化服务区
建成时间
预计2019年底
项目规模
约12.4万平方米
总建筑面积
9.69万平方米
容积率
1.48
创作团队
哈尔滨工业大学建筑设计研究院，梅洪元、付本臣、赵建、marta、韩敬伟、王石、张越、陈硕、张黛妍、王雪松、王诗琪、刘传奇

后记

宣扬建筑文化力

建筑艺术，作为世界七大艺术形式之一，长久以来在中国大众心目中却是个模糊的概念。

对于普通大众来说，对建筑的理解似乎仅在一个个外号里："大裤衩""小蛮腰""水煮蛋"……当下普通大众对建筑艺术的审美与理解，几乎是白纸一张。然而，建筑艺术又是如此无所不在的影响着我们的生活。

作为行业新媒体，我们不想做圈内的自嗨，我们更期待将国内外优秀的建筑设计文化传播给普通大众。同时也为广大设计师们提供展示的机会。

在过去建筑行业爆发性发展的10年之中，中国的设计师们疲于奔命，许多建筑设计渐渐变成了"图纸生产"，然而在这样的大环境中，仍然有坚持精品创作的中国建筑师团队在努力着。他们在浪潮之中坚持着，设计出了许多优秀的作品，而却鲜少有人知晓。人们崇拜西方设计师，而中国设计师优秀实践却无人问津。

当下，中国的建筑设计在一代建筑人的努力与实践下，已经取得了长足的发展。我希望通过"建筑学院"这个网络平台发现更多优秀的本土设计力量，去帮助建筑师成长，同时帮助建筑师发挥自己最擅长的技能。

"建东方——中国建筑艺术展"正是基于这样的背景而诞生。"建东方展"是我与我们的团队策划准备许久的一次盛会，很幸运也很高兴能在这次的佛罗伦萨设计周展出结束后能将建东方——中国建筑艺术展的精华集合在这本书中。这次活动对于我自己和"建筑学院"来说，意义都很大，可以说是一个重要的里程碑。

我期待本次盛会成为向普通大众传播设计文化、为圈内设计师加深中西方交流的重要媒介。展览在完成佛罗伦萨设计周的展出后，还会在国内各大城市进行巡展。本书的出版及展览的展出都将为广大热爱建筑艺术文化的朋友们带来一场丰盛的建筑文化盛宴！

最后也在这里感谢这一路走来，对我和建筑学院提供帮助的人和一直支持我们的用户。

感谢本次"建东方"艺术展的总策展人——赵敏老师、意大利策展人——江雨濛女士的全力支持！

感谢构造空间文化传媒的内容支持！
感谢关心支持我们的友媒们！
感谢参展的各大设计机构及建筑师们！
更要感谢"建筑学院"市场团队、运营团队、技术团队的全情投入！

80后二次创业者，建筑学院网络社区创始人 李纪翔

2017.7.6

本书由广东南亮艺术玻璃科技股份有限公司资助出版

图书在版编目（CIP）数据

中国当代建筑艺术：2017建东方 / 赵敏主编 . ——
沈阳：辽宁科学技术出版社，2017.9
ISBN 978-7-5591-0389-5

Ⅰ . ①中… Ⅱ . ①赵… Ⅲ . ①建筑设计－作品集－中
国－现代 Ⅳ . ① TU206

中国版本图书馆 CIP 数据核字 (2017) 第 196518 号

出版发行：辽宁科学技术出版社
　　　　　（地址：沈阳市和平区十一纬路 25 号 邮编：110003）
印 刷 者：鹤山雅图仕印刷有限公司
经 销 者：各地新华书店
幅面尺寸：170mm×240mm
印　　张：16
插　　页：4
字　　数：200 千字
出版时间：2017 年 9 月第 1 版
印刷时间：2017 年 9 月第 1 次印刷
责任编辑：杜丙旭　刘翰林
封面设计：黄　晗
版式设计：周　洁
责任校对：周　文

书　　号：ISBN 978-7-5591-0389-5
定　　价：168.00 元

联系电话：024-23280070
邮购热线：024-23284502
http://www.lnkj.com.cn